U0187463

O'Reilly精品图书系列

流程自动化实战

系统架构和软件开发视角

[德]贝恩德·吕克尔（Bernd Ruecker）著

于畅 马鑫 张鑫 译

Beijing · Boston · Farnham · Sebastopol · Tokyo

O'Reilly Media, Inc. 授权机械工业出版社出版

机械工业出版社
CHINA MACHINE PRESS

Copyright © 2021 Bernd Ruecker. All rights reserved.

Simplified Chinese Edition, jointly published by O'Reilly Media, Inc.and China Machine Press, 2023. Authorized translation of the English edition, 2021 O'Reilly Media, Inc., the owner of all rights to publish and sell the same.

All rights reserved including the rights of reproduction in whole or in part in any form.

英文原版由 O'Reilly Media, Inc. 2021 年出版。

简体中文版由机械工业出版社 2023 年出版。英文原版的翻译得到 O'Reilly Media, Inc. 的授权。此简体中文版的出版和销售得到出版权和销售权的所有者——O'Reilly Media, Inc. 的许可。

版权所有，未得书面许可，本书的任何部分和全部不得以任何形式重制。

北京市版权局著作权合同登记　图字：01-2021-3391 号。

图书在版编目（CIP）数据

流程自动化实战：系统架构和软件开发视角 /（德）贝恩德·吕克尔（Bernd Ruecker）著；于畅，马鑫，张鑫译. —北京：机械工业出版社，2023.5

（O'Reilly 精品图书系列）

书名原文：Practical Process Automation:Orchestration and Integration in Microservices and Cloud Native Architectures

ISBN 978-7-111-72940-2

Ⅰ.①流… Ⅱ.①贝… ②于… ③马… ④张… Ⅲ.①程序设计 ②软件工程 Ⅳ.① TP311

中国国家版本馆 CIP 数据核字（2023）第 057872 号

机械工业出版社（北京市百万庄大街22号　邮政编码100037）
策划编辑：王春华　　　　　　　责任编辑：王春华
责任校对：龚思文　　卢志坚　　责任印制：常天培
北京铭成印刷有限公司印刷
2023 年 7 月第 1 版第 1 次印刷
178mm×233mm·14.75印张·258千字
标准书号：ISBN 978-7-111-72940-2
定价：99.00元

电话服务　　　　　　　　　　　网络服务
客服电话：010-88361066　　　　机　工　官　网：www.cmpbook.com
　　　　　010-88379833　　　　机　工　官　博：weibo.com/cmp1952
　　　　　010-68326294　　　　金　书　网：www.golden-book.com
封底无防伪标均为盗版　　　　机工教育服务网：www.cmpedu.com

O'Reilly Media, Inc.介绍

O'Reilly以"分享创新知识、改变世界"为己任。40多年来我们一直向企业、个人提供成功所必需之技能及思想，激励他们创新并做得更好。

O'Reilly业务的核心是独特的专家及创新者网络，众多专家及创新者通过我们分享知识。我们的在线学习（Online Learning）平台提供独家的直播培训、互动学习、认证体验、图书、视频，等等，使客户更容易获取业务成功所需的专业知识。几十年来O'Reilly图书一直被视为学习开创未来之技术的权威资料。我们所做的一切是为了帮助各领域的专业人士学习最佳实践，发现并塑造科技行业未来的新趋势。

我们的客户渴望做出推动世界前进的创新之举，我们希望能助他们一臂之力。

业界评论

"O'Reilly Radar博客有口皆碑。"

——*Wired*

"O'Reilly凭借一系列非凡想法（真希望当初我也想到了）建立了数百万美元的业务。"

——*Business 2.0*

"O'Reilly Conference是聚集关键思想领袖的绝对典范。"

——*CRN*

"一本O'Reilly的书就代表一个有用、有前途、需要学习的主题。"

——*Irish Times*

"Tim是位特立独行的商人，他不光放眼于最长远、最广阔的领域，并且切实地按照Yogi Berra的建议去做了：'如果你在路上遇到岔路口，那就走小路。'回顾过去，Tim似乎每一次都选择了小路，而且有几次都是一闪即逝的机会，尽管大路也不错。"

——*Linux Journal*

目录

第三部分 应用流程自动化

前言

我清晰地记得，20 年前为朋友编写一款商业软件时，我决定选用一个由 Java 实现的小型开源工作流引擎。这个决定改变了我的人生。我对流程自动化产生了巨大的热情，并投身于那个开源项目的社区中。最终这段经历促使我创立了自己的公司，后来它成为提供开源流程自动化工具的头部厂商。本书的目标并不只是分享我对流程自动化的热情，也是诠释流程自动化如何在现实世界中以实用且开发者友好的方式进行应用。

开始正文之前，我先讲一件逸事。在高中时，我的一个好朋友开始创业，开了一家专卖显卡的零售店。如果你曾经组装过计算机，可能会对一类特殊的显卡有印象。这类显卡在做一些改动后可以超频，让游戏玩家可以用低价购买的显卡获得更好的性能。这种商业模式要求经营者把每种显卡都当作独立的品类，并为每种显卡建立特定的销售和发行流程。

这种商业模式曾一度让我的朋友赚到很多钱，可以说是非常成功，甚至让以人工和电子邮件为基础的流程都崩溃了。订单积压，成堆的显卡和被退货的包裹挤满了整个屋子。

我们讨论了一番补救措施，最终决定开发一款定制软件，既可以将部分流程自动化，又可以满足该店特有的商业模式。这个软件的功能虽然很少，但却很有针对性，帮助该店解决了所有积压的事务。处理周期缩短了，订单可以在一天内发出。重新设计过的人工操作简化到仅与实体货物相关（例如打包过程），其他任务则被自动化（自动生成并打印订单和物流标签，发送给顾客确认，等等）。我们甚至提供了一个简单的自助查询网站，让消费者可以自助查询，以便直接了解订单的状态。如果一个流程卡住太久，这个软件会将问题上报，这样就可以不必等到客户投诉后再采取措施。总体上说，它作为一款定制软件还是非常成功的。

我亲身体验到了流程自动化的优势，但那时的我绝对不会这样说：它提高了流程质量，缩短了运行周期，让枯燥的任务自动化，可以自动扩缩容，以及缩减了运营开支。

在接下来的 20 年中，我所见过的行业，其核心流程和支持流程都是自动化的。我看到

1

NASA 在地球上使用流程自动化系统处理火星机器人返回的数据，再将控制信号发送到太空中。我看到过保险公司的自动出险理赔系统，通过应用程序上报事故并完全自动处理这些报告。我还看到过流程自动化技术被用于电信行业的交易、转账等流程中。我甚至见过由工作流引擎所控制的实验室机器人。

令人激动的是，自动化无处不在，对自动化的需求日益增长。数字化转型正在发生，全新的商业模式正在产生，它要求公司从根本上改变业务流程。近几年，新冠疫情使这个问题成为焦点：企业需要在近乎一夜之间将签署文件的流程从面对面处理转为在线处理；公司需要将过去不常用的流程补全，例如，航空机票的退改签；一些组织迅速地转向新的商业模式，比如口罩的分发。

这些只是大趋势中的几个案例，这个趋势被 Gartner 称为"超自动化"（hyperautomation）。

这些公司走上这条转型之路的原因有很多：现有的流程可能是低效、缓慢、昂贵、不可规模化或不够灵活的，无法支撑新的商业模式。从商业走向中获得有可行性的洞察需要数据，那些手动执行或自动化程度较低的流程，它们所获取的数据不足以支撑企业深入理解正在发生的事情。这让企业相比那些早已拥抱数字化和自动化的竞争对手显得更加脆弱。

流程自动化典型的处理过程需要根据企业的需求来定制。因此，企业无法买到一个开箱即用的应用软件。即便不同企业间有一些相同的流程（例如，消费者登记、订单管理、理赔），为了适应细分市场，每个企业设计实现它们的方法都是独一无二的。流程自动化使组织更有竞争力，可以更有效地开展业务，节约成本，增加收入，推进数字化转型。

你很可能就在这样一家公司工作，也许是作为软件架构师、企业架构师、商业分析师或开发者。流程自动化会是你工具箱中的一把利器。

我在流程自动化领域 20 年的一手经验都写在本书中，希望帮助你走上自动化之旅。

流程自动化工具与技术

从普通软件开发到批处理，再到事件驱动的微服务，以及其他你能想到的开发实践，有很多方法可以实现流程自动化。

不过流程自动化有其独特的特征和需求，有些软件专门为了解决这些问题而设计。分析师依此定义了与流程自动化相关的细分软件市场：数字流程自动化（DPA）、智能业务流程管理套件（iBPMS）、低代码平台、机器人流程自动化（RPA）、微服务编排、流程编排、流程监控、流程挖掘、决策支持和自动化。

所有不同类别的软件都提供了相应的工具和技术，以帮助企业进行业务定位、流程自动化和业务改进。这些流程可以包括人员、软件、决策、机器人和物品。

这些内容涵盖的范围相当广泛。那本书关注的重点是什么呢？

本书涵盖的范围

本书首先讲述流程自动化如何应用于现代系统架构和软件开发实践。然后研究工具要具备什么样的支持度，才能成为每个开发者工具箱的重要组成部分。最后展示一个轻量且开发者友好的工作流引擎才是实现这一目标的核心组件。本书将对这些进行非常详细的说明。

在此过程中，我们还将讨论一些典型的误解。正如一些人预期的那样，工作流引擎在软件开发中并不罕见。虽然来自大厂的工具和分析师报告均不侧重于开发者也对开发者不友好，但正如你将在本书中看到的那样，现在仍有可替代的工具。其中一些可能无法归类到前面提到的分类中，但有一些是可以的。

我不会花很多时间讨论分析师对流程自动化软件的观点，而是专注于在现代架构软件开发的背景下就工作流引擎提供实用的建议。在这方面，我将综合来自微服务、事件驱动系统及领域驱动设计的思想。

相信本书会给你带来有关流程自动化的新视角。

本书的目标读者

本书针对的是想要了解流程自动化的软件开发者、软件架构师和系统架构师。

 你可能更喜欢被称为软件工程师，而不是开发者，这完全没问题。但是在本书中，我选择使用软件开发者一词。

如果你是软件开发者，可能希望在应用程序、服务或微服务中使用工作流引擎来解决实际问题。本书将帮助你了解工作流引擎可以为你解决哪些问题，以及如何开始。

如果你是系统架构师，本书将帮助你了解流程自动化的机遇与陷阱。它将协助你完成一些艰难的架构决策和权衡，包括使用工作流引擎与替代方案的横向对比，以及工作流引擎是否应该采用集中式运行模式。

以下人员阅读本书同样可以受益：

* 如果你是 IT 经理，本书可以帮助你做出更明智的决策，并在公司内部提出合理的问题。

- 如果你是业务分析师，本书可以帮助你突破原有的思维框架并理解技术侧的概念。

总体而言，阅读本书你只需要软件工程领域的一些一般经验，并不需要其他特定的知识。

架构师总有实现方案

如果你无法展示具体的示例代码，只讨论概念，那乐趣会减少一半。可运行的代码迫使你变得精确，去思考那些概念层面可能忽略的细节——最重要的是，它通常能更好地解释概念。我个人很喜欢一个座右铭："架构师总有实现方案。"当然，从坏的一方面讲，我必须决定使用一种具体技术（可能不是你正在使用的技术）和产品（可能已经是过时的产品）。我试图尽可能保持厂商中立原则，但作为流程自动化厂商 Camunda 公司的联合创始人，我当然固执地倾向于使用我最熟悉的工具，即我公司提供的工具。

我的观点当然也会影响我们的产品，所以本书的内容不可避免地会和我们的产品有一些结合。但作为一个在现实世界中对流程自动化着迷 20 年的人，本书基于与一线客户交流形成的观点。

在某些地方，我会使用可执行的源码，因为其他形式会使某些概念更难理解。在这些案例中，我使用了 Camunda 的流程自动化平台。

配套网站和示例代码

除本书外，你还可以在 *https://ProcessAutomationBook.com* 上找到可供下载的补充材料（如示例代码）。可运行的源码在 GitHub 上，上述网站中包含了这些链接。

这些示例不仅将帮助你更好地理解书中描述的概念，还让你在厌倦阅读时有机会研究技术。

这里的代码是为了帮助你更好地理解本书的内容。通常，可以在程序或文档中使用本书中的代码，而不需要联系 O'Reilly 获得许可，除非需要大段地复制代码。例如，使用本书中所提供的几个代码片段来编写一个程序不需要得到我们的许可，但销售或发布 O'Reilly 的示例代码则需要获得许可。引用本书的示例代码来回答问题也不需要许可，将本书中的很大一部分示例代码放到自己的产品文档中则需要获得许可。

非常欢迎读者使用本书中的代码，希望（但不强制）注明出处。注明出处时包含书名、作者、出版社和 ISBN，例如：

Practical Process Automation，作者 Bernd Ruecker，由 O'Reilly 出版，书号 978-1-492-06145-8。

如果读者觉得对示例代码的使用超出了上面所给出的许可范围，欢迎通过 *permissions@ oreilly.com* 联系我们。

反馈

我乐于通过 *feedback@ProcessAutomationBook.com* 接收任何反馈。

如何阅读本书

一般来说，我建议你先按顺序阅读第 1 章和第 2 章。它们为你提供了一些基础知识，包括理解本书涵盖的范围以及它如何适用于你的场景。

读完前两章，你可以正常地继续阅读，也可以快速预览你最感兴趣的章节。当然，本书有贯穿前后的逻辑，不过我试着交叉引用，避免你因跳过某些部分而不易理解。

尽管如此，我还是可以给你推荐一些非顺序的阅读路线：

- 如果你过去在业务流程管理（BPM）方面有过糟糕的体验，可以先阅读 1.9 节，以确定本书是适合你的。
- 如果你有事件驱动系统的经验，并认为自己不需要服务编排系统，那么可以先阅读第 8 章，以更好地了解本书是否适合你。另外还请阅读第 2 章，以更好地了解我所说的流程自动化是什么意思。
- 如果你是微服务或领域驱动设计（DDD）的拥护者，那么可能会对流程自动化如何融入这个世界持怀疑态度。我建议你先行阅读第 7 章，因为该章较好地展示了本书关于流程自动化的思想与该领域的许多传统方法有何不同。
- 如果你是一名被迫介入业务或流程自动化项目的惊慌失措的 IT 经理，可以先阅读第 12 章，因为该章可以为你提供一些关于如何设计整个项目的指导。
- 如果你愿意按照我的建议使用基于 BPMN 的工作流引擎，则可以跳过第 5 章。

排版约定

本书中使用以下排版约定：

斜体（*Italic*）
  表示新的术语、URL、电子邮件地址、文件名和文件扩展名。

等宽字体（`Constant width`）
  用于程序清单，以及段落中的程序元素，例如，变量名、函数名、数据库、数据类型、环境变量、语句以及关键字。

 该图示表示提示或建议。

 该图示表示一般性说明。

 该图示表示警告或注意。

O'Reilly 在线学习平台（O'Reilly Online Learning）

O'REILLY® 40 多年来，O'Reilly Media 致力于提供技术和商业培训、知识和卓越见解，来帮助众多公司取得成功。

我们拥有独一无二的专家和革新者组成的庞大网络，他们通过图书、文章、会议和我们的在线学习平台分享他们的知识和经验。O'Reilly 的在线学习平台允许你按需访问现场培训课程、深入的学习路径、交互式编程环境，以及 O'Reilly 和 200 多家其他出版商提供的大量文本和视频资源。有关的更多信息，请访问 *http://oreilly.com*。

如何联系我们

对于本书，如果有任何意见或疑问，请按照以下地址联系本书出版商。

美国：

O'Reilly Media，Inc.
1005 Gravenstein Highway North
Sebastopol，CA 95472

中国：

北京市西城区西直门南大街 2 号成铭大厦 C 座 807 室（100035）
奥莱利技术咨询（北京）有限公司

要询问技术问题或对本书提出建议，请发送电子邮件至 *errata@oreilly.com.cn*。

本书配套网站 *https://oreil.ly/Practical_Process_Automation* 上列出了勘误表、示例以及其他信息。

关于书籍、课程、会议和新闻的更多信息，请访问我们的网站 *http://www.oreilly.com*。

我们在 Facebook 上的地址：*http://facebook.com/oreilly*

我们在 Twitter 上的地址：*http://twitter.com/oreillymedia*

我们在 YouTube 上的地址：*http://www.youtube.com/oreillymedia*

致谢

感谢所有帮助完成本书的人。首先是我在过去 10 年中遇到的所有人，例如在 Camunda 社区、客户项目或会议上遇到的人。无数的讨论帮助我了解了流程自动化的世界，持续的反馈不仅塑造了 Camunda 平台，也让我写作了本书。

感谢 Camunda 的每个人。Camunda 不仅是一个超棒的工作场所，还有一帮超棒的同事在一同改变流程自动化的世界。我们在公司取得的成就远远超出了我们共同创立公司时的梦想。而且每天仍然有很多乐趣，让我们继续前行。

感谢我的好朋友 Martin Schimak，本书最初的想法是他帮助我确定的，他也是本书结构的最佳讨论对象。我也非常感谢所有提供非常有价值的反馈的优秀技术审校者。他们投入了大量时间来帮助优化本书，由衷感谢（按姓氏字母顺序排列）Tiese Barrell、Adam Bellamare、Rutger van Bergen、Joe Bowbeer、Colin Breck、Norbert Kuchenmeister、Kamil Litman、Chris McKinty、Surush Samani、Volker Stiehl 等。

当然，也感谢我的家人，感谢他们在忍受疫情时还能包容我写作本书。感谢 O'Reilly 的整个团队成员，他们让本书得以顺利出版。

第 1 章

简介

让我们开始吧！本章将讨论以下内容：

- 流程自动化是什么。

- 流程自动化的具体技术难点。

- 工作流引擎的作用及其重要性。

- 业务与 IT 在自动化流程时应如何协作。

- 现代工具与过去的 BPM 和 SOA 工具有什么不同。

1.1 流程自动化

本质上，流程（或工作流）仅指为实现预期结果而需要执行的一系列任务。

流程无处不在。作为开发者，我个人的开发流程能够管理从问题（issue）到代码修改的一系列任务。作为员工，我想到了优化以邮件为核心的处理流程，其中涉及快速确定邮件优先级和及时处理收件箱的技术。作为公司负责人，我想到了端到端的业务流程，例如，用户订单履约，或者称为"订单到现金"。作为后端开发者，我还想到了代码中的远程调用，这些调用涉及一系列任务——特别是在考虑重试及任务清理时，因为分布式系统随时都有可能失败。

流程自动化有不同的级别。主要区别在于是人工控制流程还是计算机控制流程，或者是流程完全自动化。下面的例子展示了不同级别自动化之间的明显区别。

高中毕业后，我协助组织"车轮上的餐厅"，为居家老年人提供送餐服务。当时有一个用来处理餐食订单的日常流程。这个流程包括汇总送往厨房的订单列表、打包餐食、确保所有订单都贴上正确的标签，以便交付给正确的收货人。除此之外，该流程还包括最重要的送餐服务。在我最初执行的时候，这个流程完全是由纸张驱动的，需要消耗整整一上午才能完成。我做了一些改进，利用 Microsoft Excel 实现了一些任务自动化。这把整个流程的时间缩短到大约 30 分钟——这显然要高效得多。虽然仍然存在人工劳动，例如，对食物进行打包和贴标签，以及开车去送餐。

更重要的是，这个流程仍然是由人控制的，我的工作是正确操控按键并在适当的时候带着清单去厨房。软件只负责其中一部分任务。

在我上一次去医院的时候，我和工作人员聊了聊备餐工作是如何进行的。我了解到，患者需要填写一张纸质卡片来标记过敏史及饮食偏好，这些信息会被录入计算机。之后，IT 系统负责在正确的时间将信息传输到正确的位置，并且需要以自动的方式完成。人仍然在这个流程中发挥作用，但他们没有指导它。这是一个计算机控制的流程，虽然并不是完全自动化的。

如果你希望将这个例子再向前推进一步，那么今天有烹饪机器人可供选择。假如你将这些机器人添加到流程中，那么计算机不仅可以自动按照控制流向前推进，就连烹饪的任务都可以自动完成。这使得流程更接近于完全自动化的流程。

如你所见，任务间控制流的自动化与任务本身的自动化，两者有重要的区别。

控制流的自动化

　　任务之间的交互是自动化的，但任务本身可能不是。假如由人来完成任务，则计算机控制流程，并且在必要时让人参与进来，例如，使用含有任务列表的用户界面。这被称为人工任务管理。在前面的例子中，就是由人来烹饪食物。这与完全手动的流程形成鲜明对比，这个流程之所以高效，是因为在完全手动的流程中，人们通过传递纸张或电子邮件来控制任务流。

任务的自动化

　　任务本身是自动化的。在前面的例子中，就是将烹饪的任务交由机器完成。

如果你结合使用控制流的自动化和任务的自动化，则可以实现完全流程自动化，也称为直通式流程（STP）。只有当偏离预期，发生了不正常操作时，这些流程才需要进行手动干预。

当然，从趋势上看流程要尽可能地自动化是理所当然的，推动自动化的具体原因如下：

重复次数多

　　只有当潜在的收益超过了开发成本时，在自动化中投入的努力才是值得的。具有超高执行量的流程是进行自动化的候选者。

标准化

流程需要结构化和可重复，以便于自动化。虽然在流程自动化中实现一定程度的变化和灵活性是可行的，但它增加了自动化的开销，并削弱了一些优势。

合规的一致性

对于一些行业或特定流程，在可审计性方面有严格的规定，甚至规定在授权时要以可重复和可修订的方式记录步骤。自动化能够做到这一切，并能及时提供高质量的相关数据。

质量需求

某些流程需要保证产品质量的一致性。例如，你可以承诺为用户提供以特定的速度交货的订单。通过自动化流程，这更易实现并保持。

信息丰富

包含大量数字化信息的流程更适合自动化。

正如 5.1 节中进一步说明的那样，流程自动化可以通过不同的方式来实现，但是有一些专门用于流程自动化的软件。就像前言中提到的，本书将重点介绍这些工具，特别着眼于工作流引擎。

流程自动化并不一定意味着进行软件开发或使用某种工作流引擎。流程自动化的实现可以很简单，只需利用 Microsoft Office、Slack 或 Zapier 等工具来自动化某些基于事件触发的任务。例如，每次我在个人电子表格中输入新的会议演讲时，它都会触发几个自动任务，将其发布到我的主页、公司的日程表、用于维护开发者关系的 Slack 频道等。这种自动化相对容易实现，即使非 IT 人员也可以自己实现，当然功能也有限。

在本书的其余部分，我不会专注于这些类似于 Office 的工作流自动化工具。我们将从软件开发和架构的角度讲述流程自动化。

为了帮助你理解如何使用工作流引擎实现流程自动化，让我们通过一个故事来说明它可以解决的各种现实生活中的开发者问题。

1.2 荒野大集成

想象一个场景，Ash 是一名后端开发者，他负责构建一个小型的后端系统，用于通过信用卡进行收款。这看起来并不复杂，对吧？Ash 行动迅速，很快便设计出一个美妙的架构。项目中最容易推进的是让订单履约服务提供 REST API，在和订单履约服务的开发人员沟通后，他们很快便同意了。之后，Ash 继续编码。

开发到一半时，一位同事走进来，看着 Ash 的白板，那里勾勒着那个美妙的架构。同事漫不经心地说："啊，你用的这个是外部的信用卡服务吧。我之前也用过它。当时我遇到了很多连接泄露和故障恢复的问题，那个服务现在有所改进吗？"

这个问题让 Ash 有一点惊讶。这种昂贵的 SaaS 服务居然如此脆弱？这让 Ash 那优雅、简洁的代码显得过于天真了！不过问题不大，Ash 添加了一些代码，用于在服务不可用时重试调用。又多聊了一会，这位同事透露，那个外部服务的故障状态有时会持续几个小时。于是，Ash 需要想出一种支持等待时间更长的重试方法。但这过于复杂，涉及状态处理还要使用调度器（scheduler）！因此，Ash 决定先不去解决这个问题，而是把它放到待办列表中，并且寄希望于订单履约团队能够解决这个问题。目前，当信用卡服务不可用时，Ash 的代码只是抛出一个异常（exception），然后祈祷一切都会正常工作。

服务发布到生产环境两周后，订单履约部门的另一位同事与 CEO 一起走过来。Ash 的服务抛出了许多"信用卡服务不可用"的错误，CEO 面对大量未完成的订单表示很不开心——这个问题直接影响了营收。Ash 立刻尝试改进，并要求订单履约团队重试支付操作，但他们有更紧迫的问题亟待解决，并不愿意处理 Ash 的问题（你会在第 7 章中读到一些内容，可以说明他们的拒绝是完全合理的）。

Ash 保证会尽快解决这些问题并上线新版本。然后大家回到了各自的工位上，Ash 创建了一个数据库表，名为 payment，其中有一列名为 status。每个支付请求都会追加到表里，status 为 open。此外，Ash 还添加了一个简单的调度逻辑，每隔几秒钟会检查一次，对未支付的记录进行处理。现在，服务可以在更长的时间跨度中进行有状态的重试。看起来问题解决了。因为支付现在改为了异步处理，所以 Ash 打电话给履约团队的同事，和他们讨论 API 中需要进行的修改。最初被调用的 REST API 将返回 HTTP 202（Accepted）响应，之后有两种选择，一是 Ash 的服务通过回调的方式向履约服务发送消息，二是履约服务定期轮询支付状态。履约团队同意暂时使用轮询进行快速修复，所以 Ash 只需要提供另一个 REST 接口来做支付状态查询。

这个修改发布到生产环境后，解决了 CEO 所关注的问题，Ash 很开心。但平静的时光并未持续太久。一群人来到了 Ash 的办公室，其中还有运营总监。他们告诉 Ash，现在一点货都没发出，因为没有一笔成功支付的订单。怎么会有这种事情？Ash 在心里记下，之后要添加一些监控，以免将来再发生类似的情况而不知，然后去查看了数据库，发现未支付订单堆积如山。在日志中，Ash 发现调度器被一个异常情况打断后崩溃了。Ash 有一点慌。

Ash 单独处理了那个中断整个流程的异常支付，然后重启了调度器，眼看着支付流程回归正常。Ash 松了一口气，他发誓要密切关注这个服务，并编写了一个小脚本来定期查询数据表，在发生异常情况时会发送邮件告警。Ash 还决定为该脚本添加一些特殊情况的缓解策略。完美！

在经历了这几周的跌宕起伏后，Ash 计划去度假。但显然，老板并不希望 Ash 就此休息，因为除了 Ash 外，没有人真正理解他们刚刚搭起的工具栈。更糟的是，老板还拿出了一张表，上面列出了对支付服务的新需求。原因是一些业务同事听说了那个脆弱的信用卡服务，他们希望获得关于这个服务可用性和响应时间的深入报告。他们还想知道商定好的服务级别协议（SLA）是否真的被满足了，而且希望能有实时的监控。现在，Ash 不得不给数据库添加一个生成报表的功能，而这个数据库在最初设计中似乎并没有存在的必要。图 1-1 展示了美妙架构中衍生出的混乱。

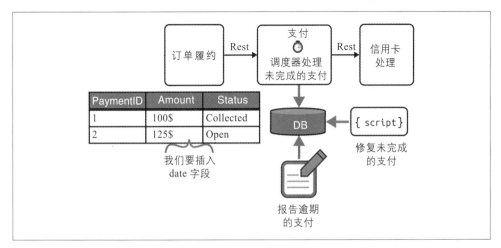

图 1-1：荒野大集成——这是一种常见的混乱，你会在大多数企业中看到它的身影

很遗憾，Ash 刚刚使用的正是一种非常常见的流程自动化方法，我称之为荒野大集成。这是一种临时方案，创建的系统没有任何管理方案。这样创建的系统很可能对整个业务都有不好的影响。

下面是荒野大集成的一些特点：

通过数据库集成
    服务直接访问其他服务的数据库来进行通信，其他服务通常并不会被通知。

简单的点对点集成
    两个组件之间会直接通信，通常是基于 REST、SOAP 或消息协议，但没有充分描述远程通信的所有内容。

数据库触发器
    每当你向数据库写入内容时，数据库都会再调用其他逻辑。

脆弱的工具链

例如，通过 FTP 传输逗号分隔的（CSV）文本文件。

Ash 需要自己编写的大量代码事实上是工作流引擎的内置功能：维持当前状态、调度重试、报告当前状态和操作长期运行的流程。与其自己编写代码，不如利用现有工具。自己迭代解决方案实在没什么优势。即使你认为项目还不需要引入工作流引擎的复杂特性，也应该再想想。

 不用工作流引擎来编写流程通常会产生复杂的代码，状态处理最终与组件本身耦合。这会使代码中业务逻辑和业务流程的实现更难以理解。

Ash 的故事也很容易发展为一个自研的工作流引擎。这种专门针对公司做的解决方案带来了更多的研发和维护工作，甚至还缺乏现有工具所能提供的优势。

1.3 工作流引擎和可执行流程模型

那么，除了硬编码的工作流逻辑或自研的工作流引擎外，是否还有什么替代方案呢？你可以使用现有的工具，例如，本书网站[注1] 上精选的产品列表中的某一个。

工作流引擎会自动控制流程。它允许你定义并部署流程蓝图（蓝图是以特定建模语言描述的流程定义）。部署流程定义后，你可以启动流程实例，工作流引擎会跟踪维护它们的状态。

图 1-2 展示了前面提到的支付例子的流程。流程在有支付请求时开始运行，如流程模型中的第一个圆形图标（即开始事件，标记流程的开始）所示。之后，它仅经过一个服务任务，图标为齿轮。此服务任务将执行对外部信用卡服务的 REST 调用。在第 2 章中，你将学习到具体的实现。而现在，简单地假设你已经为此编写了一些正常的代码，即胶水代码。服务任务执行结束后，流程进入结束状态，如图 1-2 中粗边的圆形所示。

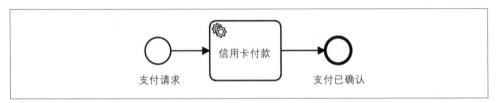

图 1-2：一个非常简单的流程，它已经可以处理信用卡例子中的大部分请求

注 1：*https://ProcessAutomationBook.com*

图 1-3 通过一些伪代码展示了如何使用此流程模型实现支付服务。首先，你需要编写一些代码来响应外部消息。例如，调用 REST 端点来收集支付请求。然后，这些代码将使用工作流引擎提供的 API 启动一个新流程实例。此流程实例由工作流引擎进行持久化，图 1-3 通过关系数据库可视化了这一点。本书之后的内容会介绍不同的引擎架构、持久化类型及部署场景。

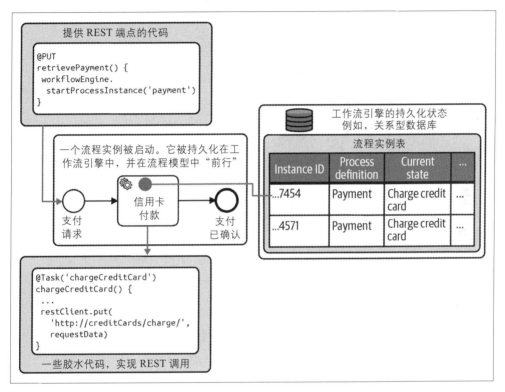

图 1-3：工作流引擎

下一步，你要编写一些胶水代码执行信用卡付款。这些代码类似于回调，流程实例启动后，在运行至信用卡付款任务时会自动执行。理想情况下，信用卡支付会立即被处理，流程实例随后结束。你的 REST 端点甚至可以向客户端返回同步响应。但在信用卡服务中断的情况下，工作流引擎可以安全地暂停任务，等待信用卡服务恢复后触发重试。

我们刚刚谈到了工作流引擎的两项最重要的功能：

- 持久化状态，支持任务暂停。

- 任务调度，比如说重试。

根据工具特点，可能需要用特定的语言编写胶水代码。但也有一些产品允许使用任意编程语言，因此，如果你下定决心要整理荒野大集成的项目，也许还能复用大部分代码，只需利用工作流引擎进行状态处理和调度即可。

当然，许多流程的复杂度远远超出了这个简单的例子。在检索支付状态时，流程模型可能需要解决很多业务问题。例如，如图 1-4 所示，该流程会对过期的信用卡做出反馈，并等待用户更新其支付信息。

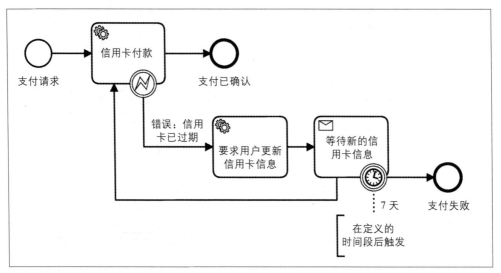

图 1-4：支付流程可能会迅速复杂化

到目前为止，这个支付流程更像是一个集成流程，而不是典型的自动化流程。不过我喜欢从这样的流程开始讨论，因为它有助于技术受众了解工作流引擎的核心功能，我们将在下一节展示一个更典型的业务流程。

1.4 一个业务场景

让我们看一个典型的（虚构）项目。ShipByButton 有限公司（SBB）是一家科技初创公司。它出售一种小型的硬件按钮。每当按下该按钮时，都会自动下单购买一个预先指定好的物品。例如，你可以将这个按钮放在洗衣粉旁边，当看到洗衣粉要用完时，只需按下按钮，一盒洗衣粉就被自动下单并快递给你。

SBB 希望将核心的订单履约业务流程自动化。10.1 节详细讨论了不同角色及其合作方式。当下，假设 SBB 从绘制所涉及的物理操作关系开始，下一步的工作是将其细化至可自动使用工作流引擎的级别。无论你工作在哪一步，流程建模语言（BPMN）都是通用的，他们也得益于此。

项目的流程模型如图 1-5 所示。

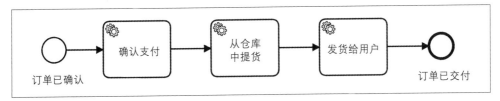

图 1-5：端到端的业务流程是自动化的主要部分

图 1-5 当然是简化过的，因为在现实生活中，你会遇到很多例外情况。例如，支付失败或者商品缺货。

你可以在图 1-5 中看到，这个流程依赖于其他服务，例如，第一个任务调用了支付服务。你会在本书后面的章节中了解到，这是应用微服务时的典型场景。

 业务流程建模通常会导致一个有趣的副产品：意想不到的洞见。在深入了解 SBB 的用户场景时，我们发现"业务人员"实际上并不知道"仓储层的同事"在做什么。将流程模型可视化有助于识别并解决类似的问题。

1.5 长期运行的流程

流程自动化的应用范围很广。虽然它通常和企业级的端到端业务流程有关，如订单履约、开户或理赔结算。但它在诸如服务编排、服务集成的技术用例中也有帮助，正如上面提到的信用卡例子。

所有这些例子都有一个共同点：它们包含长期运行的流程。换句话说，这些流程需要几分钟、几小时、几周甚至几个月才能完成。处理长期运行的流程正是工作流引擎擅长的。

这些流程需要等待某个事件发生。例如，其他组件做出反馈，或者单纯地等人做一些事情。这就是为什么工作流引擎需要持久化状态。

从另一个视角看每当逻辑跨越边界，就需要长期运行的行为。边界有很多不同的含义。如果你调用远程服务，就跨越了本地程序、本地操作系统和本地计算机的边界。这时你就有责任处理服务的可用性或时延增加之类的问题。如果你调用其他组件或资源，就跨越了技术事务的边界。如果你集成了来自其他团队的组件，就跨越了组织边界，这意味着你需要与这些人进行更多协作。如果你调用了外部服务，例如，信用卡机构的外部服务，就跨越了自己公司的边界。如果你的流程包含了人，则跨越了可自动化任务与不可自动化任务之间的边界。

管理这些边界不仅需要有长期运行的能力，还需要仔细斟酌任务的顺序。认真讨论故障场景及处理它们的正确业务策略。你还可能会面临有关数据安全、合规性或审计的监管要求。这些要求进一步促进了图形化流程的可视化，第 11 章会深入讨论这一点。对于这些要求，技术人员可以与对应的非技术人员进行协商，以解决面临的挑战。

现代系统具有越来越多的边界，因为系统越来越倾向于从一个整体转向一些细粒度的组件，如服务、微服务或函数。系统通常是云上购买的服务和内部的应用程序混合而成。

1.6 业务流程、集成流程和工作流

总之，你可以像自动化集成流程一样自动化业务流程。这些流程类别的边界往往很不明显，因为大多数集成用例中都有业务目的。这就是为什么本书没有将"集成流程"作为单独的类别进行讨论。相反你会在 3.2.4 节看到，许多技术细节是落地在日常编程的代码中，而不是在流程模型中。10.5.1 节说明，你可以将流程模型的某些部分提取到子模型中。这使得你可以将技术细节整合到更细粒度的层级中，从而有助于保持业务流程的可理解性。

此外，你会注意到我使用了术语流程以及工作流。说实话，对于流程自动化和工作流自动化之间的区别，并没有共同的、一致的理解。很多人交替使用这些术语。还有一些人则认为，业务流程更具战略性，工作流更具战术性。因此，只有工作流才能在工作流引擎上建模和执行。同样，流程模型也可以称为工作流模型。某些标准使用其中一个术语，而另一些标准则使用另一个术语，无所谓对错。

我通常的建议是根据你所在的环境进行调整，选择恰当有效的术语。本书选择如下规则：

- 业务流程自动化是你想要实现的，是最终目标，是业务人员所关心的。在大多数情况下，我会使用流程（或业务流程）一词。

- 每当我谈论工具时，都会使用工作流一词，即流程如何真正自动化。例如，我会使用工作流引擎，即使这是为了实现流程模型的自动化。

在现实生活中，我有时会调整这些规则。例如，在与技术人员谈论具体实现时，我可能更喜欢使用工作流、工作流引擎，有时甚至会使用编排引擎或 Saga 这两个术语，具体选择要取决于上下文（当你阅读过本书的一些内容后，会理解后面那个术语的）。

1.7 业务 –IT 协作

业务的利益相关者和 IT 专业人员的协作对现代企业的成功至关重要。业务利益相关者了解组织、市场、产品、战略和每个项目的业务案例。他们可以将所有这些转化为需求、功能和优先级。另一方面，IT人员了解现有的IT设施和组织方式——限制与机会，以及成效和可用性。只有通过合作，"双方"才能共赢。

遗憾的是，不同的角色表达和理解事物的方式往往不同。

将业务流程作为讨论的中心是有益的。它使得大家在大背景下更容易理解需求，同时避免了在单独讨论功能时可能产生的误解。

可视化的流程模型有助于这种讨论，特别是如果业务和IT部门都能够理解它们。我见过的所有高效的需求研讨会都挤满了来自双方的人员。

一个常见的例子是，业务利益相关者低估了需求的复杂性，同时还错过了一些简单的方案。典型的对话是这样的：

业务："为什么实现一个小按钮这么难？"

IT："因为我们需要在旧版软件中解决一个巨大的难题，为什么我们不能只在这边做些改动，取得一样的效果呢？"

业务："你说什么，等等，我们能改那个地方吗？我们以为那个不能动呢。"

有了正确的心态和良好的协作文化，你不仅会进步更快，而且最终会得到更好的解决方案和更快乐的心情。流程自动化，特别是可视化流程模型将有助于此。第10章对这一点有更详细的解释。

1.8 业务驱动及流程自动化的价值

组织通常将流程自动化应用于：

- 构建更好的用户体验。
- 快速跟进市场（使用已修改或全新的流程、产品或商业模式）。
- 提高业务灵活性。
- 降低运营成本。

这些随着流程自动化的发展都会被实现：提高可见性、效率、成本效益、质量、信心、业务灵活性及规模化。

业务流程为业务利益相关者提供了高度的可见性。举个例子，业务利益相关者关心任务的顺序，例如，要能确保在发货前收到了付款，或者要知道支付失败的处理策略是什么。这些信息是了解业务当前的运行状态和性能所必需的。流程自动化平台提供的数据让你有机会发现可行方案，这是流程优化的基础。

企业关心自动化流程的效率、成本效益，以及质量和信心。在线零售商希望缩短订单履约流程的时间周期，也就是说，要能让用户在点击提交订单按钮后尽快收到包裹。当然，零售商也不希望任何订单从系统中漏掉，这不仅会让他们丢掉一笔订单，还会给他们增加一个不满的用户。

一些商业模式甚至依赖于流程完全自动化的可能性，这对于公司的盈利、提供可预期的快速反馈或者扩大业务规模至关重要。

业务灵活性是另一个重要的驱动力。IT 行业的发展速度太快了，以至于我们无法真正准确预测任何趋势，因此公司构建能够应对变化的系统非常重要。正如一家保险公司的 CIO 最近对我说的："我们不知道明天需要什么。但知道一定需要些什么。所以我们需要能够快速行动！"专注于构建一种易于接纳变化的系统和架构对许多企业的生存极其重要。流程自动化是其中的重要组成部分，因为它让与流程相关的一切变得容易：易于理解当前的实现，易于深入讨论，易于实现变更。

1.9 当代流程自动化工具

如果流程自动化和工作流引擎是解决某些问题的绝佳方案，那么为什么很多人都没用过？当然，有些人对流程自动化一无所知。但更常见的情况是，一些糟糕的工具给人们带来了糟糕的体验，或者他们仅仅是对工作流或流程自动化等术语有模糊的印象，并且认为它们和一些老套的单据流（document flow）或专有的成套工具有关，他们认为这些东西没什么用。剧透警告：这些想法都是错的！

为了纠正这些误解，最好的方法是了解历史，了解过去的失败经验。这将解放你的思想，让你接纳现代流程自动化的思维方式。

1.9.1 流程自动化简史

专用流程自动化技术的起源可以追溯至 1990 年前后，当时纸质流程开始由单据管理系统推进。在这些系统中，实体或数字单据是一种"token"（在第 3 章中会详细讨论这个概念），工作流是围绕该单据制定的。例如，开立银行账户的申请表，被扫描后会自动传输到需要处理它的人那里。

你仍然可以在现实生活中发现这些基于单据的系统。我最近还看到过一个工具在创建很多虚拟的 PDF 单据，只是为了启动一个不基于实体单据的工作流实例。

这类系统进一步发展为以人工作业管理为中心的人工工作流管理工具。这些工具在 2000

年前后达到了顶峰。有了这些工具，你就不再需要单据来启动工作流。尽管如此，构建这些系统仍是为了协调人，而不是整合软件。

依旧是在 2000 年前后，面向服务的架构（Service-Oriented Architecture，SOA）出现了，替代了与传统企业应用集成（Enterprise Application Integration，EAI）工具进行点对点集成的大型单体生态。当时的想法是将功能分解为服务，以或多或少标准化的方式提供给企业，以便别人更易于使用它们。SOA 的一个基本想法是重复利用这些服务，从而减少开发工作。此时混合工具出现了：该工具基于 SOA，不但添加了人工作业功能，还增加了集成功能的人工工作流产品。

大约在同一时间，业务流程管理（BPM）作为一门学科逐渐受到重视，不仅考虑到了这些技术和工具方面的问题，还考虑到了有关建立可扩展组织和业务流程重组（BPR）的经验教训。

图 1-6 概述了这些发展。

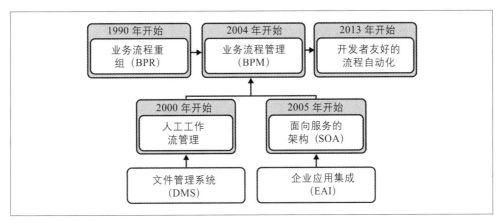

图 1-6：学科的发展历史

流程自动化是 BPM 和 SOA 时代的一个流行话题。遗憾的是，由于存在一些重大缺陷，许多人对其感到失望，原因如下：BPM 过于脱离开发者，工具过于依赖厂商驱动，过于集中化，而且过于关注低代码。让我详细解释一下。

象牙塔中的 BPM

BPM 作为一门学科包含了发现、建模、分析、度量、改进、优化和自动化业务流程的方法。从这个意义上说，它是一个非常广泛的话题。遗憾的是，许多 BPM 计划与 IT 系统脱节。在很长一段时间里，做 BPM 的人都在孤军奋战，没有考虑到流程在现有的 IT 基础设施内如何真正地自动化。这导致流程模型无法在现实世界中运作，然而这些模型却交给了 IT 部门，让他们"简单地"实现一下。不难想到，结果并不太好。

集中式的 SOA 和 ESB

在那个不幸的时间点，SOA 撞上了那些处于全盛时期且异常复杂的技术，例如，简单对象访问协议（Simple Object Access Protocol，SOAP），这使得任何开发团队都难以提供或使用任何其他服务。这为工具厂商打开了市场空间。由于 SOA 的组织和治理通常是非常集中的，大厂商就被带入了游戏中，他们以自上而下的方式销售非常昂贵的中间件，这些中间件被许多公司置于核心位置。这种工具被称为企业服务总线（Enterprise Service Bus，ESB），它的核心是一个消息系统，周边有许多工具做服务接入或数据转换。

从今天的角度来回顾 SOA，很容易发现一些缺点：

集中式

SOA 和 ESB 工具通常作为集中式系统部署，并由它们自己的团队维护。这在很大程度上导致了这样的情况：你不仅要实现、部署自己的服务，还要与 SOA 团队沟通，将额外的配置部署到这些工具中，这产生了许多冲突。

与开发流程相悖

这些工具破坏了开发的工作流，使自动化测试、持续集成 / 持续交付（CI/CD）的 pipeline 无法实现。许多工具甚至不允许自动化测试或部署。

厂商驱动

厂商先行于行业，在最佳实践产生前就将产品售出，这迫使许多公司引进了无效的方案。

基础设施和业务逻辑的耦合

往往重要的业务逻辑最终出现在路由过程中，同时又部署到了中间件里，权责不清晰。不同的团队实现了同一业务逻辑的各个方面。

但这与*流程自动化*又有什么关系？这个问题非常重要！SOA 与 BPM 套件通常捆绑在一起。

被误用的 BPM 套件

BPM 套件是一套独立的工具，由核心的工作流引擎及一些周边工具组成。与 ESB 一样，这种套件是由厂商驱动的。它们以集中式工具的形式部署，以自上而下的方式引进系统中。在这样的环境中，中心团队负责平台维护，并且该团队通常是唯一能够部署服务的团队。这种对团队的单点依赖导致了许多问题。

值得一提的是，BPM 套件出现的时期，大多数公司的软件还运行在物理硬件上——自动化部署的 pipeline 在当时并没有真正实现。

低代码的局限性

伴随着 BPM 套件，零代码出现了，现在又称为低代码。这个思想对于业务利益相关者来说简单又迷人：在没有 IT 参与的情况下开发流程，非技术人员可以在不写代码的情况下创建可执行的流程模型。

低代码方案需要非常重的工具，才能让非开发者通过拖放预置的元素来构建流程。复杂的引导让用户学会了如何配置流程，因此才得以实现无须编码就能构建解决方案。

咨询公司和 BPM 厂商现在一直认为这种方法是可取的，并且低代码方法确有其优点。目前开发者短缺，许多公司根本没有资源来做他们想做的软件项目。不太了解技术的人（Gartner 称之为泛开发者[注2]）开始参与软件项目，所以低代码是有其需求的。

不过话说回来，虽然低代码方法可能适用于相对简单的流程，但在面对复杂的业务流程或者集成场景时，它肯定是不够的。我经常发现，低代码产品无法兑现承诺，不太了解技术的泛开发者无法自己实现核心流程。最终，公司仍需要找到 IT 部门，要求他们指派专业的软件开发者来完成这项工作。而这些软件开发者也需要学习专有的、厂商相关的应用开发方式。学习这种开发技能需要很长时间，并且过程往往令人沮丧。因此，组织内部缺少足够熟悉这一切的开发者，公司又被迫寻找外部资源。

这些外部资源就是与 BPM 厂商合作的系统集成商，他们能派遣该厂商认证的顾问。通常来说，这些顾问要么没有承诺的那么熟练，要么就是太贵，要么根本解决不了问题，往往这些情况会同时出现。

此外：

- 你无法使用行业中的最佳实践来开发软件，例如，实现自动化测试、集成你需要的框架、完善用户界面。你只能做厂商预期中的事，因为突破预定的路线非常困难，甚至是不可能的。
- 开源或者社区提供的知识和工具改进，你通常是用不了的。举个例子，你无法从 GitHub 中获取代码的示例，只能观看指导视频，这个视频内容展示了如何通过一个专用的向导工具来操作低代码平台的界面。
- 这些工具常常很重，很难在现代的虚拟化或云原生架构上运行。

这些糟糕的现状导致许多公司放弃了流程自动化工具，尽管并非所有方案都用到了这种

注 2：*https://www.gartner.com/en/information-technology/glossary/citizen-developer*。

专有或低代码开发平台。

 与其用低代码流程自动化取代软件开发，不如将软件开发和流程自动化结合起来！

重要的是要明白，灵活性并不是说在没有开发者的情况下实现流程，而是要让不同的责任人都可以用图形模型来理解和讨论。

一旦你可以将流程自动化与"普通的"软件开发实践相结合，就能同时获得开发的效率与质量，你可以让普通开发人员参与这项工作，还将拥有一整套现有的解决方案来帮你应对各种各样的问题。而且，工作流厂商可能还会预建对某些集成方式的支持，构建解决方案的工作量会因此而减少。

远离老式的 BPM 套件

好消息是，现在有很多实用且轻量的工作流引擎，可以很好地集成到常见的开发实践中去解决通用的问题。

新一代的工具通常是开源的或者是作为云服务提供的。它们以开发者为目标用户，支持他们面对本章前面描述的那些挑战。这些工具提供了真正的价值，帮助我们的行业持续向前发展。

1.9.2 Camunda 的故事

作为联合创始人，我总是喜欢用我们公司的故事来印证整个市场的发展历程。正如宣传中所说的，Camunda 是一家重塑了流程自动化的厂商。就像前面我说过的，本书不是公司的营销工具，但它的故事可以帮助你了解市场的发展。

2008 年，我与他人联合创办了 Camunda，一家提供流程自动化相关咨询服务的公司。我们举办了许多研讨会并开设相关培训课程，因此收获了数千名用户的联系方式。

我们赶上了老式 BPM、SOA 思想和工具的高峰期。观察到不同公司虽然使用了各式各样的工具，但共同的特点是它们都没有起到作用。原因也不难发现，前面都已经提过：这些工具集中化、复杂、使用低代码、由厂商驱动。

因此，我们开始使用当时可用的开源框架。虽然它们离开发者更近，但也无法有效工作，主要是因为实现太基础了，缺乏重要的功能，需要付出很多精力围绕它们构建自己的工具。

也是在当时，我们合作开发了业务流程模型和标记法（Business Process Model and Notation，BPMN）标准，该标准定义了一种可视化并且可直接执行的流程建模语言。

我们还看到了一个巨大的机会：创造一个开源工作流引擎，该引擎要对开发人员友好，还要通过 BPMN 促进业务-IT 协作。

我们与客户验证了这一想法，并很快决定与该公司合作：2013 年，我们将 Camunda 从一家咨询公司转变为开源流程自动化厂商。我们的工具与当时时兴的低代码 BPM 套件完全不同。

今天，Camunda 正处在高速发展中，拥有数百名付费客户和无数社区用户。许多大型组织相信我们的愿景，甚至正在替换公司里大型厂商的工具。因为对流程自动化工具迫切地需求，我们的业务在全球都飞速增长。这得益于数字化和自动化软件的发展，以及微服务化和组件细粒度化的趋势，这些微服务和组件需要调度与协调。简而言之，我们做得很好。

从技术上讲，Camunda 工作流引擎的工程实现是 2013 年的工程实现。它本质上是一个用 Java 构建的库，使用了关系数据库来存储状态。这个引擎可以嵌入你自己的 Java 服务中，也可以独立运行，对外提供 REST API。当然了，我们还提供了一些额外的工具来建模或运维流程。

这个架构对于 Camunda 来说是足够好的，它可以应对当今绝大多数的性能需求和容量要求。不过，几年前，我们还是用完全不同的架构开发了全新的工作流引擎，现在最好的称呼是云原生架构。这个引擎是在并行架构下开发的，由 Camunda Cloud 提供托管服务。随着它的无限扩展，这个工作流引擎可以应用在更多的场景中，这是我们长久以来的愿景。

1.10 结论

正如本章所示，流程自动化是数字化工作的核心。这使得工作流引擎成为现代架构中的重要构成部分。幸运的是，我们现在有非常优秀的技术，不同于老式的 BPM 套件。它不仅对开发者友好，而且性能强劲，具有可扩展性。

工作流引擎解决了状态处理方面的问题，而你可以利用一些图形化的流程模型建模、执行工具，对流程的控制流进行自动化。在流程自动化时，这可以避免荒野大集成，促进业务-IT 的协作。你在本章中看到了第一个流程模型的案例，它直接运行于工作流引擎上。下一章会进一步对其进行解读。

第一部分

基础知识

该部分将增进你对使用工作流引擎实现流程自动化的一般性理解。

第 2 章通过可操作的案例介绍了工作流引擎和在引擎上运行的流程模型。

第 3 章回答了一些实际问题：如何实现可执行的流程，如何将其与服务的其他部分对接。这会让你对流程自动化在现实世界中的运作方式有一个清晰的理解。

在第 4 章中，你可以深入了解流程自动化各种类型的用例，包括人工、机器人、软件的编排调度和决策。这应该会让你产生一些不错的想法，比如如何在你的环境中使用流程自动化、哪些项目符合使用它的条件。需要注意的是，第 9 章还会研究工作流引擎的进阶用例，包括如何使用它们来解决分布式系统中的一些挑战。

第 5 章总结了基础知识，解释了工作流引擎和 BPMN 为什么是流程自动化的最佳选择。你还会读到一些有关替代实现方法和流程建模语言的内容。

第 2 章

工作流引擎和流程解决方案

在介绍过一些流程自动化的整体概念后，本章将讨论以下内容：

- 介绍工作流引擎和流程解决方案。

- 提供一些可实践、可运行的案例，让你理解得更扎实。

- 讲述流程自动化平台的开发体验。

2.1 工作流引擎

正如前言中所述，工作流引擎是长期运行流程实现自动化控制的关键组件。

如果你想知道为什么应该使用工作流引擎而不是硬编码流程、使用批处理或数据流，可以先看一下 5.1 节。

2.1.1 核心功能

工作流引擎技术层面的核心功能如下：

持久状态 / 持久化

引擎会持续追踪所有正在运行的流程实例的当前状态和历史审计数据。虽然这听起来很容易，但在应用规模较大时，持久化仍然是一个需要应对的挑战。为了理解系统当前的状态，要快速触发一系列的查询，这时你免不了需要一些运维工具。工作流引擎同样还需要管理事务，比如，处理对同一流程实例的并发访问。

调度

工作流引擎需要追踪任务时间，如果流程卡住太久，问题可能会变得严重。因此，必须有一个调度机制，使引擎在需要执行某个任务时能够及时响应。这个机制也使任务在出现问题时可以重试。

版本化

拥有长期运行的流程意味着流程一直处于运行中。要注意，这种情况下的"运行中"实际上也可能是等待中。每当你要修改流程时，例如添加一个新任务，都需要考虑当前运行的所有实例。大多数工作流引擎支持多个版本的流程定义并行存在。好的工具支持以一种自动化且可测试的方式将实例的流程定义迁移到新版本。

这些核心功能如图 2-1 所示。

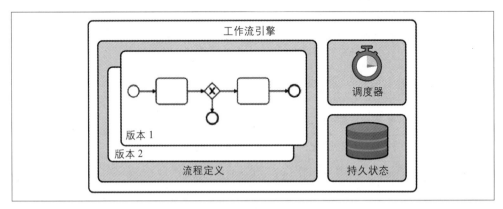

图 2-1：工作流引擎是一种擅长等待和调度的状态机

在 1.2 节中我们说到，使用现有的工作流引擎可以减轻自己的负担，不用存储状态，不用自己实现调度机制，也不用最终构建一个自己的工作流引擎。

当然，还是需要权衡一下。使用工作流引擎的主要缺点是在技术栈中引入了另一个组件。这当然有一定的成本。比如，你需要选择一个工具，学习如何使用它，草拟一个架构来将其融入。

一般来说，很快就会获得这笔投资的第一期回报，当然，有多大的回报取决于你的使用场景。不过在这一部分，暂时还不会讨论什么时候引入工作流引擎比较合适（你必须先了解这些工具的工作原理，以及它们会对你的架构产生什么样的影响），我们将在 6.1 节进行讨论。可以偷偷告诉你，投资与回报是成正比的，学习曲线比较平缓的轻量级工具已经可以帮你解决"较小的"问题了。你可以先从这类工具快速开始，上手运行。

 不同的工作流引擎架构不尽相同，资源需求也不同。现代工作流引擎往往非常轻量，很容易与你现有的架构、过去的开发经验以及 CI/CD 的 pipeline 集成在一起。公有云厂商同样有托管的服务。有一些工作流引擎可以水平扩展，从而应对高负载的场景，比如时延敏感的交易场景、吞吐量很大的电信业务还有负载峰值较高的电商场景。

2.1.2 工作流平台的其他功能

除了核心功能外，大多数工作流引擎还提供了一些附加功能。优秀的工具会将这些功能设计成可选的或者插件化的，让你既可以用上超精简的工作流引擎，也可以用上一些额外的工具。当你看到使用这些功能的需求时，也能逐步将其添加进来。

常见的附加功能如下。

可视化

流程模型以图形化方式展示，既能拥有可视化的简单特性，也能使用强大的图形语言（在 5.2 节会详细讨论）。切实看到流程是如何实现的，既有利于沟通，也有利于不同角色的参与者理解当前流程，包括开发者（"我去年怎么做的这个？"）、运维（"当时为什么要这么做？"）和业务利益相关者（"现在这个流程是怎么实现的？能不能改？"）

审计数据

工作流引擎会记录大量关于当下事件的审计数据，包括时间戳（例如，流程实例何时启动和何时结束）、任务信息（某个任务何时开始，多久要重新执行一次，等等），以及事件的其他详细信息。这些数据在运维时极其宝贵。比如，用来识别和理解当前的故障状态，用来评估总体性能以改进流程。审计数据还能用在业务数据面板上增加透明度，帮助你了解进行中的任务、流程的成本等。

辅助工具

大多数工具栈不仅提供了核心引擎，还提供了图形化建模工具、运维工具或业务监控工具。2.5 节将对此进行更详细的介绍。

2.1.3 架构

使用工作流引擎有两类基本的方法可供选择，如图 2-2 所示。

- 将工作流引擎作为单独的服务来运行，这意味着它是独立于业务应用程序的自包含应用程序。也就是说你的业务应用程序与工作流引擎需要进行远程通信。

- 将工作流引擎当作库嵌入服务，也就是作为你的业务应用程序的一部分运行。

现在，工作流引擎作为独立服务存在应该是一个默认选项。这样你就可以将服务代码与工作流引擎分开，这可以避免许多问题。在支持一些使用嵌入式引擎的案例时，往往需要花费大量精力来弄清楚客户是如何嵌入工作流引擎的，还要弄清楚他们描述的问题是如何产生的。

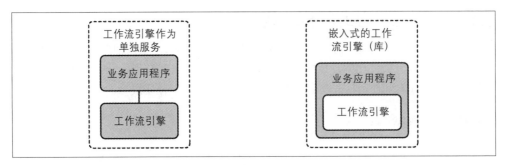

图 2-2：业务应用程序使用工作流引擎的典型架构

此外，将工作流引擎作为独立服务运行，你就能在语言层面做到异构。现代的系统环境通过使用 Docker 让这种工作流引擎运转起来非常容易，比如购买工作流引擎的云服务。

再看内部架构，工作流引擎会自己实现调度、线程维护和持久化。这就是产品之间最大的不同。让我们来看一个例子，假定某个工作流引擎使用关系型数据库来存储状态。如图 2-3 所示，工作流引擎会随时维护所有流程定义和流程实例的记录。每当流程实例有所进展时，状态都会更新。

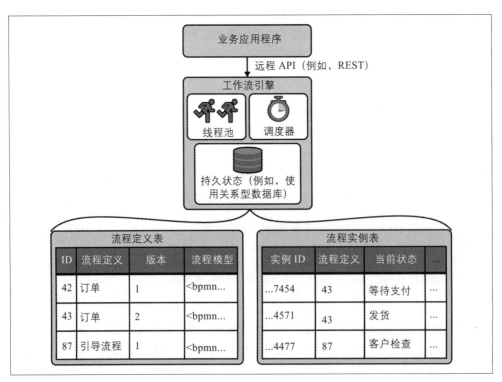

图 2-3：工作流引擎将持久数据存储在关系型数据库的典型架构

还有一些工作流引擎会使用非关系型数据库来存储状态。比如，它们可能会使用更偏向于事件溯源（event-sourced）的方案。现代引擎要支持横向拓展、高吞吐、低时延或实时服务，这种拓展性超出了关系型数据库的能力。作为工作流引擎的使用者，虽然状态的存储方式不是你需要考虑的问题，但还是要了解这对你有什么影响。还有一些工作流引擎使用的是关系型数据库。那么知道它支持哪些数据库产品就很重要了，因为你需要这个数据库。如果使用了其他的持久化方案，可能会有特定要求，你要对这些进行检查。

线程（thread）是一个容易混淆的概念。当我在工作流引擎的上下文中使用等待（waiting）或长期运行（long-running）等术语时，我不是说工作流引擎的线程被阻塞，要等待事件触发。相反，工作流引擎将当前状态存储在数据库中。它完成后线程退出，之后就什么都不做了。

但是，由于流程实例的状态在数据库中保存，因此流程实例逻辑上还是在等待事件——那种会导致工作流引擎再次从数据库加载状态，然后恢复流程的事件。这个事件可能是用户按下按钮，按钮触发了工作流引擎的 API 调用，完成了相应的任务。还可能是引擎调度器，因为某些计时器事件到期而唤醒了流程实例。

2.2 流程解决方案

流程模型只是流程自动化的一部分，你还需要实现一些额外的逻辑，典型的例子是：

- 通信，比如调用 REST 接口或发送 AMQP 消息。
- 数据处理和数据转换。
- 决定选择流程模型中的哪一条路径。

核心的工作流引擎不负责处理这些问题，不过对于这些，大多数厂商会提供一些开箱即用的帮助。你想要的这些便利功能和低代码之间只有一条细细的线，但就像在 1.9.1 节的"低代码的局限性"中所说的，你最好远离低代码。

在本书中，我认为这些方面基本都能被开发者通过编码处理好。

比如，与其使用工作流引擎自带的连接器（connector）来实现 HTTP 调用，不如用 Java、C#、NodeJS 等编程语言来实现。在 3.2 节中详细介绍了关联流程模型和代码实现的更多细节。

从逻辑上讲，这些代码是自动化流程的一部分，所以流程模型、这些胶水代码和其他可能用到的组件共同构成了一个流程解决方案，如图 2-4 所示。从技术上讲，这可能是一个使用了 Java 和 Maven、.NET Core 或者 NodeJS 的单体项目，也可能是由一堆

serverless 函数在逻辑上捆绑在一起形成的一个流程解决方案。

请注意，工作流引擎不负责存储业务实体。这些数据应该由应用程序来存储，工作流引擎通常只是引用这些数据。因此，虽然从技术上讲，它能将数据与每个流程实例一起存储，但这种能力的使用方式应仅限于保留引用（ID）。

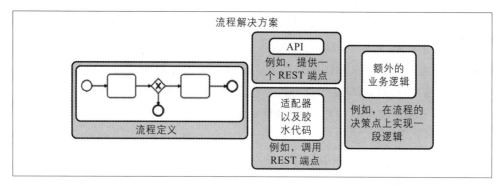

图 2-4：流程解决方案包括流程自动化所需的各种组件，包括但不限于流程模型

2.3 一个可执行的示例

让我们看一个具体的例子，让这些概念更具象化。源代码可在本书的网站上找到。

在本例中，我使用了以下技术栈：

- Java 和 Spring Boot。
- Maven，也就是说我的 Maven 项目等同于流程解决方案。
- Camunda Cloud，云端托管工作流引擎。

这里展示的许多概念或步骤可能与其他产品有关，但我需要选择一个具体的技术栈才能显示真实的源代码。

这个示例会在本书后面的部分进行扩展，是有关一家小型电信公司新用户入网的处理。流程模型如图 2-5 所示。

当用户注册移动电话合约时，新的流程实例将会启动。该流程首先运行一些 Java 代码对用户进行评分。这由服务任务处理，用齿轮图标表示。分数是决定是否接受用户订单的依据。最终决定由电信公司的一名员工做出，用人形图标表示。这里明确表示不能自动化。

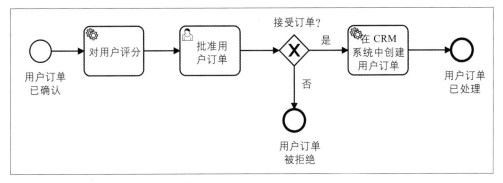

图 2-5：电信公司新手机用户入网的流程

这个决定的结果会影响流程实例后面经过的 XOR 网关（图中含有 X 的菱形）。这个网关是个决策点（decision point），要么继续自动处理这个新用户的订单，要么结束。在实际的场景中，你可能会添加更多的任务，比如通知用户被拒绝。

让我们快速浏览一下为了赋予这个模型生命，你都需要什么。目的并不是真正实现业务功能，而是能有一个具体的流程模型来讨论，并且它是能在工作流引擎上运行的。

用户入网服务是一个独立的微服务，提供 REST API，由研发项目实现，如图 2-6 所示，包含：

- 入网流程模型。使用将在 3.1 节中引入的 BPMN，流程模型只是一个与项目源代码一起存储的 XML 文件。

- 为用户端提供 REST API 的源代码，即"普通 Java"。

- 用于用户评分的 Java 源码。

- 实现对 CRM 系统的 REST 调用的胶水代码。

- 员工批准用户订单用的表单。

让我们看看这些代码在 Camunda Cloud 上是怎么运行的。

首先，流程模型需要部署到工作流引擎中。虽然你可以通过图形化建模工具或者引擎的 API 去直接部署，但最简单的办法是在微服务的正常部署机制中加一个 hook。这样，Spring Boot 服务启动期间模型会自动部署，代码片段如下：

```
@SpringBootApplication
@EnableZeebeClient
@ZeebeDeployment(classPathResources="customer-onboarding.bpmn")
public class CustomerOnboardingSpringbootApplication {
}
```

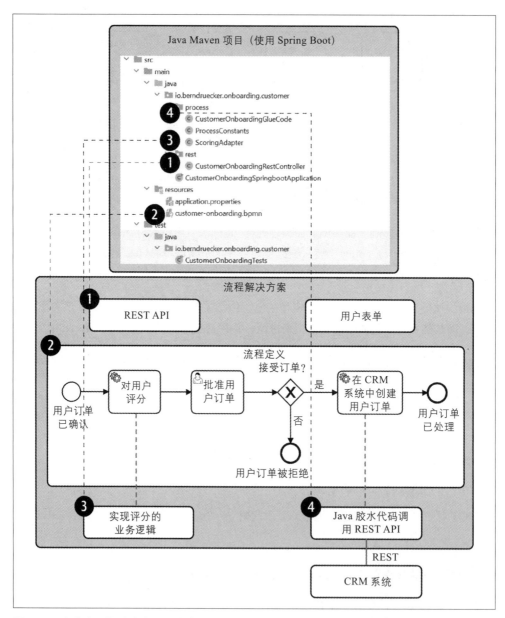

图 2-6：这个流程解决方案是一个包含所有重要组件的研发项目，有流程模型、胶水代码和测试用例

现在，你可以使用工作流引擎的 API 创建一个新的流程实例了，比如在收到新的 REST 请求时：

```
@RestController
public class CustomerOnboardingRestController {
```

```
@Autowired
private ZeebeClient workflowEngineClient;

@PutMapping("/customer")
public ResponseEntity onboardCustomer() {
  startCustomerOnboardingProcess();
  return ResponseEntity.status(HttpStatus.ACCEPTED).build();
}

public void startCustomerOnboardingProcess() {
  HashMap<String, Object> variables = new HashMap<String, Object>();
  variables.put("automaticProcessing", true);
  variables.put("someInput", "yeah");

  client.newCreateInstanceCommand()
      .bpmnProcessId("customer-onboarding")
      .latestVersion()
      .variables(variables)
      .send().join();
}
```

你可以在本书的网站上找到更详细的代码示例，包括当入网流程在以毫秒为单位返回时
如何返回一个同步的响应结果。

现在，你需要在流程模型上添加一个表达式，这个表达式决定了要在模型中选择哪条路
径，如图 2-7 所示。

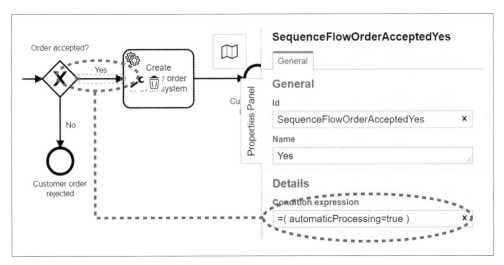

图 2-7：BPMN（决策点）中的网关需要传出序列流上的表达式语言

Camunda Cloud 使用 Friendly Enough Expression Language（FEEL），这是决策引擎中一
种标准化的业务友好型语言。我们将在 4.2 节中详细描述。在当前这个例子中，表达式
只是简单地检查流程变量 automaticProcessing。如果其值为 true，这个流程将继续沿

着"是"的路径前进。

接下来，你需要实现一些胶水代码，代码如下：

```
@Component
public class CustomerOnboardingGlueCode {

@Autowired
private RestTemplate restTemplate;

@ZeebeWorker(type = "addCustomerToCrm")
public void addCustomerToCrmViaREST(JobClient client, ActivatedJob job) {
  log.info("Add customer to CRM via REST [" + job + "]");

  // TODO 实现一些真正的逻辑来创建请求
  restTemplate.put(ENDPOINT, request);
  // TODO 实现一些真正的逻辑来处理响应

  // 让工作流引擎知道任务已经完成
  client.newCompleteCommand(job.getKey()).send().join();
 }
}
```

这段代码需要连接到具体的流程模型上。在 Camunda Cloud 中是通过逻辑任务名称完成连接的，如图 2-8 所示。

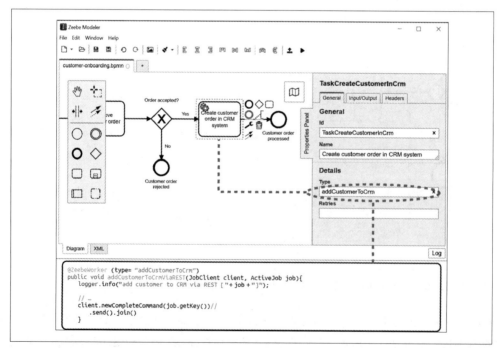

图 2-8：流程模型中的服务任务可以与源代码进行连接

为了启动微服务，你需要启动并运行工作流引擎。以 Camunda Cloud 为例，你要在云控制台上创建一个新的"Zeebe 集群"，这个控制台可以在线使用。Zeebe 正是为 Camunda Cloud 提供"动力"的工作流引擎。

之后你会收到连接信息，需要将其添加到服务配置中，具体到示例中，就是名为 *appplication.properties* 的文件。Spring 中可以比较容易地覆盖这些连接信息（例如通过环境变量），当你要在生产环境中运行服务时，这非常方便。

启动 Java Spring Boot 应用程序后，你可以用你惯用的 REST 客户端调用 REST API，这里我使用了 cURL：

```
curl -X PUT
    -H "Content-Type: application/json"
    -d '{"someVariable":"someValue"}'
    http://localhost:8080/customer
```

这会触发前面展示的那段 REST 代码，它会在工作流引擎中启动一个新的流程实例。理解工作流引擎特性的好方法是使用运维工具观察它。图 2-9 给出了一个示例，展示了刚刚启动的流程实例以及有关该实例的一些数据。

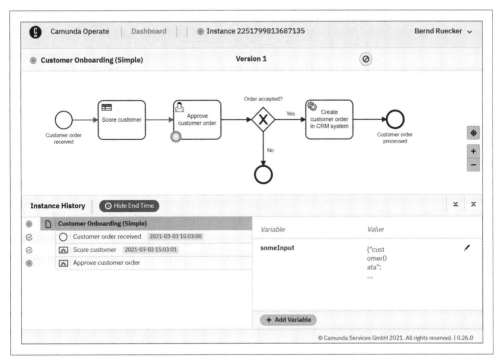

图 2-9：运维工具使你能发现、分析和解决与流程相关的技术问题

流程模型也是源码，实现了业务逻辑中的重要部分，你应该像测试其他业务逻辑一样对它进行测试。具体到 Java 来说就是使用 JUnit 编写单元测试。在撰写本书时，断言 API 仍然在不断变化中，因此请查看本书的网站以获取最新的源码。如下所示：

```
@Test
void testHappyPath() throws Exception {
 // 模拟有一个 REST 调用进来，启动一个新的流程实例
 customerOnboardingRest.onboardCustomer();

 // 断言流程已经启动
 ProcessInstanceEvent pi = assertProcessInstanceStarted();

 // 断言打分任务（工作流引擎的 pub/sub 机制）已被创建
 RecordedJob job = assertJob(pi, "scoreCustomer");
 assertEquals("TaskScoreCustomer", job.getBpmnElementId());
 assertEquals("customer-scoring", job.getBpmnProcessId());
 // 完成并结束这个任务，用一些伪造的逻辑替代真正的选配器执行
 execute(job, new JobHandler() {
   public handle(JobClient client, ActivatedJob job) {
     // 用一些伪造的行为替代真正要用的 Java 代码
   }
 });

 // 确认人工任务已经被创建
 RecordedHumanTask task = assertHumanTask(pi);
 assertEquals("TaskApproveCustomerOrder", task.getBpmnElementId());
 // 中间可能会有更多的断言
 // 模拟它被批准了
 Map variables = new HashMap();
 variables.put("automaticProcessing", true);
 complete(task, variables);

 // 断言下一个调用 CRM 系统的任务已经被创建了
 job = assertJob(pi, "create");
 assertEquals("TaskCreateCustomerInCrm", job.getBpmnElementId());
 // 以正常的行为触发它运行
 execute(job);
 // Spring 在胶水代码中注入了一个模拟的 REST 服务
 // 这样我们就可以验证刚刚那个请求的发送状态
 mockRestServer
   .expect(requestTo("http://localhost:8080/crm/customer")) //
   .andExpect(method(HttpMethod.PUT))
   .andRespond(withSuccess("{\"transactionId\": \"12345\"}",
                           MediaType.APPLICATION_JSON));

 assertEnded(pi);
 }
```

流程解决方案的行为与普通的 Java Spring Boot 项目类似。你可以像其他 Java 项目一样，把它归入你日常的版本管理系统，在常规的 CI/CD pipeline 上构建它。比如我们的示例代码就放在 GitHub 上，由 TravisCI 进行持续构建。

完整的代码可以在网站上获取，建议你自己运行一下它们，这能帮你更好地理解后面要讨论的工作流引擎。

2.4 服务、流程和工作流引擎

服务、工作流引擎、流程定义和流程实例之间的关系是什么？这是个很常见的问题。

如果你以服务的形式启动工作流引擎，则可以在这个工作流引擎上部署许多流程定义。对于每个流程定义，你可以启动任意个流程实例。你还可以让其他服务或微服务调用这个工作流引擎。

这和数据库的使用类似，你可以在库中创建多个表，还可以让不同的服务连接这个库。

然而，对于单独的应用程序，最好使用单独的工作流引擎，这样可以提高隔离度。特别是在使用微服务时更当如此，正如6.2.2节中所述。

比如，负责订单履约的团队可能会维护一个工作流引擎。他们不愿意与支付团队共享一个引擎，甚至希望与支付团队所做的任何事情都能隔离开——不过这个引擎不仅仅只有订单履约服务在用，订单取消服务也会连接到它。两个服务都部署自己的流程定义。这个例子如图2-10所示。

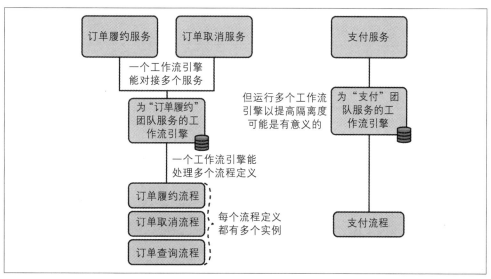

图 2-10：服务、工作流引擎、流程定义和流程实例基本摘要

2.5 项目生命周期中常用的工作流工具

大多数工作流引擎都提供了一些工具，帮助你充分挖掘流程自动化的潜力。图 2-11 展示

了一个常见的工具栈，厂商可能会将其集成到一个平台上。它包括以下工具：

- 图形化流程建模工具

- 协作工具

- 运维工具

- 任务清单应用

- 业务监控和报告

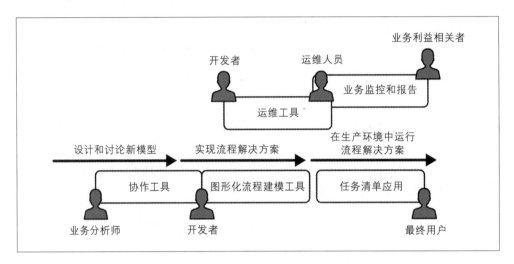

图 2-11：大多数工作流引擎都为不同的角色提供了一些工具，其价值可能体现在项目生命周期的不同阶段

让我们简单了解一下这些工具，看看它们如何在流程自动化项目中使用。请注意，好的工具是不与平台绑定的，这样你就能只选择真正有用的工具，而不用被迫安装一大堆工具。

2.5.1 图形化流程建模工具

图形化流程建模工具允许你用图形化的方式建模流程。图 2-12 展示了一个例子。

图形化建模工具可能对业务分析师非常重要，但本书的重点是可执行流程，因此我们将其视为开发者工具，不过这些工具做得参差不齐。

比如，建模工具应该能够使用本地文件系统里的文件，允许你把流程模型和有版本控制的代码放在一起。这样流程模型就很容易和代码保持一致。但有些工具的体验就差一些，它会强迫你使用一个独立的仓库。

此外，建模工具应该提供简单的方法对模型进行编辑，而且为了创建可运行的模型，所有对此很重要的技术细节都应该可编辑。这些细节包括胶水代码的引用，以及你在本章前面看到的其他内容。

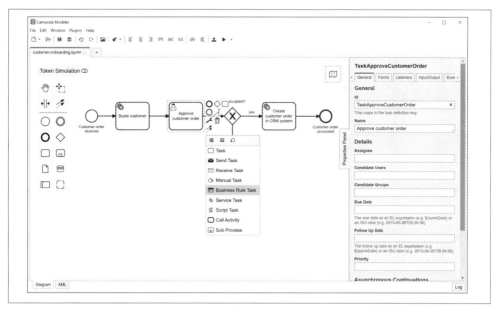

图 2-12：你可以在图形化流程建模工具上编辑流程定义

图形化建模工具在流程自动化项目中非常有用。由于错误的工具很容易成为软件开发过程中的障碍，所以要选择开发者友好的工具栈。还要注意这个工具是否适合你的开发环境。

2.5.2 协作工具

在初步讨论对某个流程进行自动化的方案时，让不同的人一起协作来讨论流程模型是很有价值的。这些人的角色各不相同，有业务分析师、开发者、方法论专家以及行业专家。在协作工具实用的功能中有一个很好的例子，就是可以把图表分享给别人，让他们能够在上面评论，如图 2-13 所示。

协作工具一般有自己的仓库，用来存储流程模型。重要的是，这些模型不能当成流程解决方案源码的一部分。相反，开发人员操作的流程模型是存储在版本控制系统中的。我们将在 10.3 节中更详细地讨论这个话题。目前为止，我们只需要记住，协作工具用于协助讨论流程模型，而不是用于实现流程解决方案。

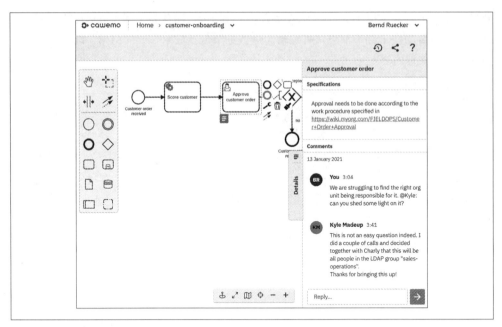

图 2-13：协作工具让不同角色的人能够分享和讨论模型

2.5.3 运维工具

一旦将流程解决方案投入生产，你就需要一个工具来发现、分析和解决与流程相关的问题，如图 2-14 所示。

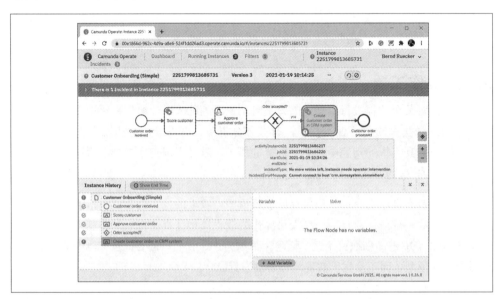

图 2-14：通过运维工具你可以发现、分析和解决与流程相关的技术问题

想象这样一个场景：服务调用 CRM 系统出问题了。你首先需要有监控来识别问题，例如观察到事件堆积。你还要能发送告警或者和现有的 APM（应用程序性能监控）工具集成，这样才能通知负责人。除了告警以外，这个工具还应该支持根因分析，帮助你了解现在遇到的问题（比如，某个 URL 的接口变更了）并解决问题（比如，通过更新配置项然后触发重试），同时它应该能批量操作，因为受影响的流程实例可能有很多。在开发期间，开发者也应该能使用这些工具对流程进行各种尝试。

2.5.4 任务清单应用

流程模型中是可以引入一些需要人工处理的任务的。当需要工作人员进行操作时，必须要有一些机制能够通知他们。为了支持这种可能性，大多数厂商都会提供一个任务清单应用，如图 2-15 所示。

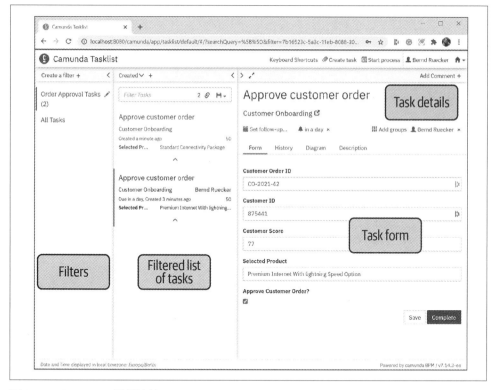

图 2-15：Camunda 任务清单

最终用户的任务会散落在各种各样运行中的流程里，这个工具可以使他们看到所有必须完成的任务。他们可以选择其中一个任务进行处理，然后在完成任务时通知工作流引擎，详见 4.3.3 节。

2.5.5 业务监控和报告

当你的流程解决方案在生产环境中运行时，业务利益相关者肯定是对流程进行监控的。

与运维相反，相比于紧急的技术问题，这些人对整体的性能更感兴趣。比如，监控周期长度、等待时间和业务的商业价值。他们也希望收到一些通知，但这些通知会侧重于性能指标。比如，如果流程实例消耗的时间太长，可能会因此无法保证 SLA，这时候就需要通知他们。

业务利益相关者还关心流程整体的优化，对此一些分析功能会有所帮助，比如清晰地展示哪些流程路径最常用，哪些路径运行较慢，哪些数据条件容易造成撤单，等等。工作流引擎在运行流程实例时存储了审计信息，以上数据可以从中分析得出。

图 2-16 展示了一个数据面板，其中涵盖了与用户入网有关的各种数据信息。

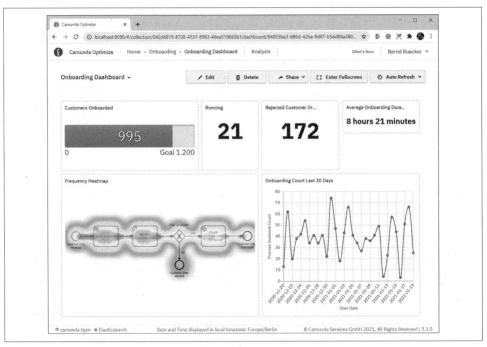

图 2-16：业务监控工具提供性能指标相关的报告、告警和分析

2.6 结论

本章更详细地阐释了工作流引擎和流程自动化平台。其中介绍的实际操作、可执行的示例应该能让你更好地理解流程解决方案和工作流引擎。

下一章我们将深入流程解决方案的开发。

第 3 章

开发流程解决方案

本章将讨论以下内容：

- 介绍一种可执行流程建模语言，即业务流程模型与标记法（Business Process Model and Notation，BPMN）。

- 解释流程模型是如何执行的，以及流程模型与代码是如何组合的。

- 概述研发流程解决方案时的注意事项。

3.1 BPMN

上一章我们直接快进到了可执行流程，现在往前退一退，详细了解跳过的部分。首先从流程建模语言开始，你可以通过它设计在工作流引擎上运行的流程蓝图。它可以表达一系列任务以及围绕任务的那些"螺丝螺母"，比如决策点、并行任务和同步点。

不同的工具可能会使用不同的流程建模语言。在本书中，我将使用 BPMN，原因主要有两个：第一，它是现行的标准；第二，它很好用。在 5.2 节中我会详细阐述它，但这里，我需要介绍一些基础知识。

 当然，并非所有流程模型都需要在引擎上执行，有时你可能需要画一个图来理解或记录某些逻辑。虽然这是一个很棒的用法，但不是本书的重点。尽管如此，用于讨论或记录的业务流程图可以帮助大家理解工作流引擎，了解使用它实现流程自动化的巨大潜力。只需要确保你使用的是可执行的流程建模语言（比如 BPMN）即可。

BPMN 流程如图 3-1 中的例子所示。

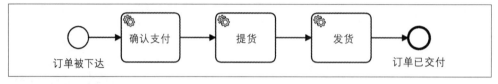

图 3-1：BPMN 流程

BPMN 流程同时也是一个 XML 文档。在日常工作中，你可能永远不需要查看这个 XML。尽管如此，我还是要在这里展示一下它，我向你保证，其中既没有魔法，也没有隐藏的复杂性：

```xml
<?xml version="1.0" encoding="UTF-8"?>
<definitions>

  <!-- Execution semantics understood by a workflow engine: -->
  <process id="OrderFulfillment" isExecutable="true">

    <startEvent id="Event_OrderPlaced" name="Order Placed" />
    <sequenceFlow id="1"
      sourceRef="Event_OrderPlaced" targetRef="Task_RetrievePayment" />
    <serviceTask id="Task_RetrievePayment" name="Retrieve payment" />
    <sequenceFlow id="2"
      sourceRef="Task_RetrievePayment" targetRef="Task_FetchGoods" />
    <serviceTask id="Task_FetchGoods" name="Fetch goods" />
    <sequenceFlow id="3"
      sourceRef="Task_FetchGoods" targetRef="Task_ShipGoods" />
    <serviceTask id="Task_ShipGoods" name="Ship goods" />
    <sequenceFlow id="4"
      sourceRef="Task_ShipGoods" targetRef="Event_OrderDelivered" />
    <endEvent id="Event_OrderDelivered" name="Order delivered" />
  </process>

  <!-- 图形布局信息: -->
  <BPMNDiagram id="BPMNDiagram_1">
    <bpmndi:BPMNPlane id="BPMNPlane_1" bpmnElement="OrderFulfillment">
      <bpmndi:BPMNShape id="_BPMNShape_Event_OrderPlaced"
                        bpmnElement="Event_OrderPlaced">
        <dc:Bounds x="179" y="99" width="36" height="36" />
        <bpmndi:BPMNLabel>
          <dc:Bounds x="165" y="142" width="65" height="14" />
        </bpmndi:BPMNLabel>
        ...
```

工作流引擎和建模工具所需的信息都已经包含在 XML 文档中了，且可视化定义所包含的信息也足以让人（包括非技术人员）快速理解它。BPMN 模型是一个同时包含了源码和文档的制品。这种二元性使得 BPMN 非常强大。

BPMN 是流程建模和执行的行业标准。它最初创建于 2004 年，在 2011 年进行了重大改进，由国际标准化组织（ISO）发行，编号 ISO/IEC 19510: 2013。由于不断变化版本会削弱标准化的优势，因此在那之后标记一直刻意保持不变。你可以在对象管理组织（Object Management Group）的网站[注1]上找到 PDF 格式的规范文本。

今天，许多公司都采用了 BPMN。关于它的书籍和资料有很多，大学课程中也会教授 BPMN。许多现代工作流厂商都遵守 BPMN，没有能与之竞争的标准。

我建议每一个进入流程自动化领域的人都学习 BPMN。它可以帮助你理解流程自动化相关的范式，即便你决定使用的工具用的是其他类型的流程建模语言。关于不同建模语言的讨论可以在 5.2 节中找到。

下面的章节涵盖了 BPMN 流程建模中最重要的范式。学习了这些内容，你就能理解本书中的示例以及随书发布的代码，同时也帮助你理解可执行流程模型的机制和能力。

 本书没有深入讨论 BPMN，只涵盖了该语言的一个子集。有很多可用的资源，在本书的网站[注2]上可以找到入口。

3.1.1 开始事件和结束事件

首先，每个流程都需要一个起点，这就是 BPMN 中的开始事件。每启动一个新的流程实例，都会在这里开始。同理，结束事件是流程结束的地方，如图 3-2 所示。

这是一个开始事件：
流程实例从这里开始

这是一个结束事件：
流程实例在这里结束

图 3-2：流程的开始事件和结束事件

为了更好地理解流程，我们要先理解 token。

3.1.2 token：控制流的实现

根据 BPMN 规范，token 是"一个虚拟概念，用来辅助定义正在执行中的流程的行为"。本质上是 token 在 BPMN 中实现控制流。

你可以将每个流程实例当作在流程模型中运行的 token。流程启动时，在开始事件处生成一个 token。如图 3-3 所示，每完成一步，它都会沿着流程路径流向下一个任务。当

注1：*https://www.omg.org/spec/BPMN*。
注2：*https://ProcessAutomationBook.com*。

token 到达结束事件时，流程实例的生命周期就到达了尾声。

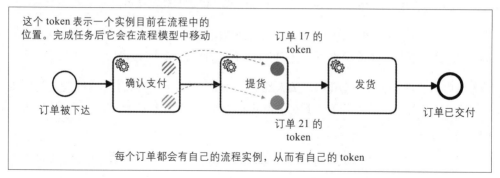

这个 token 表示一个实例目前在流程中的
位置。完成任务后它会在流程模型中移动

订单 17 的
token

确认支付   提货   发货

订单被下达   订单已交付

订单 21 的
token

每个订单都会有自己的流程实例，从而有自己的 token

图 3-3：BPMN 流程

每当遇到决策点时，token 都需要准确地走向某一条路径。当 token 到达结束事件时，就会被销毁，流程实例也将结束。每个流程实例启动时都会创建一个 token，所以能看到多个 token 同时流过模型。

工作流引擎通常会保存 token 的状态，因为它们能准确地描述给定的实例在流程中的等待位置。

你可以将 token 类比成路上行驶的汽车。在每个十字路口，司机必须决定要继续直行，还是左转右转。道路系统可以对应为流程模型，车辆所选的任意一条具体的路径可以类比成流程实例。只不过，当我们讨论并行路径时，这个比喻就不合适了，因为你不能瞬间克隆一辆汽车，让它在继续直行的同时又向左转，但对于流程模型中的 token，你可以轻松地做到这一点，详细内容会在 3.1.5 节中谈到。

3.1.3 顺序流：控制执行流

BPMN 顺序流（sequence flow）定义了流程中每一个步骤发生的顺序。在 BPMN 的可视化定义中，顺序流是两个节点的连线，箭头的方向体现了它们的执行顺序。

3.1.4 任务：工作单元

任务是 BPMN 流程的基本元素。在 BPMN 流程中，任务是一个原子的工作单元。每当 token 到达任务的位置时，token 都会停下，直到任务完成。之后，它才会沿着顺序流流出。

任务粒度如何选择取决于建模流程的人。例如，处理订单的动作可以建模为一个任务，也可以分为支付确认、提取货物和发出货物三个独立任务。10.5.1 节将讨论如何准确地划分任务。

BPMN 定义了各种任务类型，这些类型对工作单元的概念做了细化。

服务任务（service task）是很重要的一种类型。当 token 经过服务任务时，将会执行一些软件功能。通常来说是调用其他服务、微服务、方法、函数或者架构。在 2.3 节中看到，你可以简单地用惯用的编程语言实现胶水代码连接到这样一个服务任务，如图 3-4 所示。

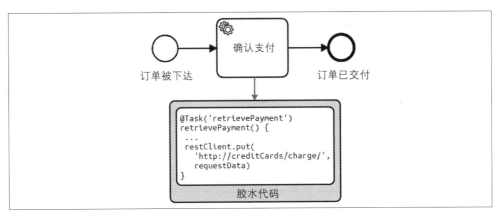

图 3-4：服务任务会触发一些功能，最常见的是执行一些代码

另一种任务类型是人工任务，如图 3-5 所示。在这个例子中，有一家小公司，其取货、运货都简单地由人工来完成。流程描述了一些需要人工完成的工作，并在任务列表中为取货、运货的人生成待办事项。工作流引擎将等待他们勾选待办事项。

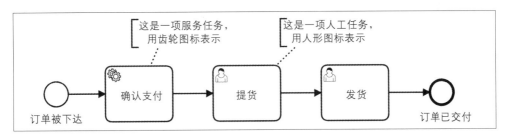

图 3-5：包含服务任务和人工任务的 BPMN 工作流

其他常用的任务类型还包括业务规则任务（business rules task）和脚本任务（script task），前者可以利用决策引擎对规则表进行计算，后者可以使用工作流引擎定义的脚本语言在引擎中执行脚本。

通常最困难的部分是定义你的任务及其顺序。一旦这些清晰了，你可能会先从人工任务开始制作原型（一个只能"点点点"的模型），也可能在生产环境中发布第一个迭代。随着任务不断地自动化，你会逐步替换这些人工操作。

3.1.5 网关：流程方向盘

网关与顺序流都用来路由 token，不过它有比普通顺序流元素更复杂的工作模式。排他网关（exclusive gateway）会基于数据从多个顺序流中选择其中一个。在图 3-6 中你能看到一个例子，只有选择了预付款的方式才会进入"支付确认"任务。

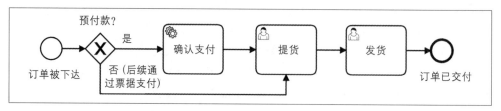

图 3-6：一个由排他网关决定输出流的 BPMN 流程

我们暂时先不讨论这个决定应该由订单履约流程处理，还是由支付任务处理。这个问题在第 7 章会有更详细的解答。

并行网关为了激活多个顺序流会生成新的 token。比如，你可以在支付成功前决定是否购买，如图 3-7 所示。

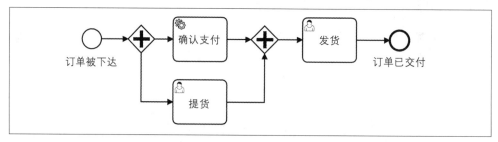

图 3-7：包含并行网关的 BPMN 流程在并行工作

需要重点说明的是，这并不一定意味着任务在同时运行，它不是多线程中讨论的并行。流程是与等待相关的，所以"并行"的含义基本上是说，你可以在某条路径等待时在另一条路径上做些什么。

3.1.6 事件：等待它的发生

BPMN 中的事件代表发生了某件事情。一个流程可以通过"捕捉"事件来对事件做出反应。有个很好的例子来说明这些，计时器事件单纯地在等待设定好的时间的到来。在图 3-8 中，你可以看到使用计时器事件的两种不同的方式。

第一个计时器在顺序流中，它表示流程要在计时器事件这个点上等待一天（比如，等待可撤销时间到期）。

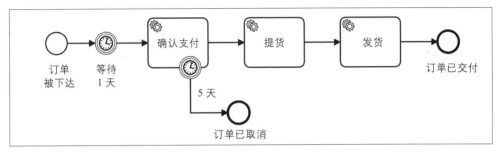

图 3-8：包含计时器事件的 BPMN 流程

第二个计时器是边界事件。在这种状态下，只要流程还在这个任务中，它就能响应这个事件。具体到这个流程里，它表示支付成功前我们可以等待 5 天；如果到期没有支付成功，工作流引擎将取消当前的任务（支付确认），并流向另一个顺序流再结束这个流程（当然，这可能不是处理支付延迟的最佳业务方案）。

3.1.7 消息事件：等待一些事情发生

图 3-9 中的例子介绍了另一个重要元素，消息事件。

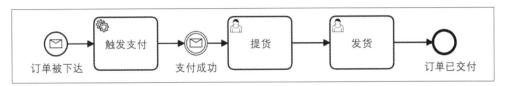

图 3-9：包含消息事件的 BPMN 流程

消息事件从工作流引擎外部发送到流程实例中。这个事件可能会触发一个新的流程实例，也可能让现有的实例继续执行。

如果开发者熟悉消息代理，可能会对消息事件有一些困惑，因为人们往往会把 BPMN 消息事件与消息代理联系在一起。事实上，BPMN 消息只是指来自工作流引擎之外的触发动作。从技术上来说，它的可能性非常丰富，可能是来自你服务里一个简单的 REAST API 调用，也可能是来自消息代理或来自事件代理。

让我们把这个概念再具体化一点，假设你需要让一个流程响应消息代理中的消息，通常会编写一些胶水代码来和它建立连接，如图 3-10 所示。当然，一些厂商也为常见的场景提供了开箱即用的连接器。

消息事件也经常与事件子流程结合使用，这样你就可以在收到消息时中断流程实例，并且与流程实例当前等待的任务无关。

以图 3-11 为例。如果收到取消订单的请求，就要立即中断订单履约流程，无论我们是刚要开始收款，还是已经要发货了。在第 9 章中你还会读到，在这种状况下要采取什么策略恢复一致性，比如退款。

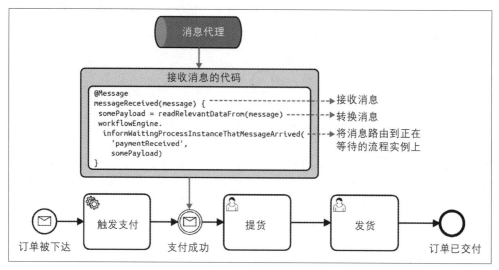

图 3-10：你需要通过服务中的代码将工作流引擎与你的"世界"相连

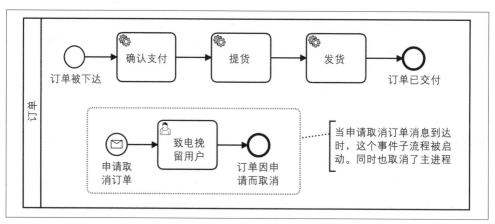

图 3-11：包含事件子流程的 BPMN 流程

3.2 关联流程模型与代码实现

远离低代码，将流程模型与代码实现关联起来，这样你才能将流程自动化技术融入成熟的软件开发实践中。

关于如何关联流程模型与代码实现，厂商之间有不少差异，不同的项目可能会使用完全不同的编程语言和框架。但添加这些逻辑有三种常见的思路：订阅流程、引用代码和使用预建的连接器。

上述这些选项在本书网站^{注3}上都有例子和可执行的代码。

3.2.1 发布／订阅流程

发布／订阅（publish/subscribe，简写为 pub/sub）是消息系统常见的机制。消息代理提供队列。消息发送方可以将消息发布到队列，接收方可以订阅队列，然后就可以接收到消息。接收方无须了解发送方。

许多工作流引擎在流程逻辑中提供了类似的 pub/sub 机制。在这种前提下，工作流引擎本身就充当了消息代理，无须增加专门的消息代理。同时，你还需要编写一些胶水代码来订阅工作流引擎，通常是添加在 BPMN 的服务任务中，这样无论流程运行到什么位置，都会执行所需的逻辑。

图 3-12 是一个可视化的例子，其中订单履约工作流程需要调用支付服务。因此，它包含一个服务任务，并为它定义了一个名为 retrieve-payment 的逻辑任务类型。

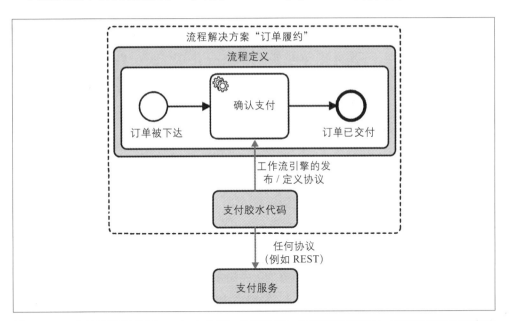

图 3-12：工作流引擎提供了 pub/sub 机制，方便添加一些逻辑到模型中，比如调用外部服务的胶水代码

让我们来构造一个模型：

```
<bpmn:serviceTask name="Retrieve Payment"
                  vendorExtension:taskType="retrieve-payment">
```

注3：*https://ProcessAutomationBook.com*

然后你可以想象下面的胶水代码实现了对支付服务的 REST 调用（当然，实际使用中的代码取决于工具、编程语言还有你的编程风格）：

```
paymentHandler = new WorkflowLogicHandler() {
 public void handle(WorkflowContext context) {
  //在这里输入所需的数据
  restRequest = RetrievePaymentRequest
    .paymentReason( context.getVariable('orderId') ) // ...

  //这里真正开始执行逻辑，也就是调用 REST 端点
  restResponse =
    restEndpoint.PUT(paymentEndpoint, restRequest);

  //输出所需的数据
  context.setVariable( 'paymentId', restResponse.getPaymentId()));

  //一旦我们执行结束，就要通知工作流引擎

  context.completeServiceTask();
 }
```

现在，你要开启工作流引擎的订阅，这样每当流程实例发送了名为 "retrieve-payment" 的任务给服务任务时，都会调用下面的处理程序：

```
subscription = workflowEngineClient
  .subscribeToTaskType("retrieve-payment")
  .handler( paymentHandler )
  .open();
```

从技术上讲，这种订阅机制可以有不同的实现方式。常见的方法是在引擎中使用长轮询（long polling）。简单来说，你可以认为客户端在定期请求新的任务，但处理方式非常高效，且时延非常低。这样让使用常见的远程协议（比如 REST）变得很容易，并且将其限制为单向通信：从客户端到工作流引擎。使用标准化的远程协议还丰富了你编写胶水代码的选择，你几乎可以选择任何一种编程语言。

在图 3-12 中，胶水代码是流程解决方案的组成部分。流程模型和胶水代码紧密结合不可分割。这种设计非常常见，不过在 4.1.2 节中你还将了解到，这不是微服务系统中的唯一可能性。

使用 pub/sub 机制，胶水代码可以完全由你控制，这带来了以下几点优势。

首先，任务的执行与否由你决定。例如，当外部服务不可用时，你可以关闭订阅，等待服务恢复正常，也可以关闭运行胶水代码的服务。所有执行到这个任务服务的流程实例都会一直等待，直到有客户端来消费任务，当你重新开启订阅后，随时可以恢复。

其次，你可以将胶水代码的扩缩容与工作流引擎解耦。假设你需要在胶水代码中进行一

些资源密集型的计算——你可以直接扩缩容胶水代码所在的应用程序，也可以构建一个专门处理胶水代码的工作器（worker），然后对这个工作器进行扩缩容。它还可以反向使用：假设有一类资源，你必须限制其负载，通过这个方式也可以很容易地进行控制。一个常见的例子是光学字符识别（OCR）工具，这种工具的授权限制了只能有一个并行任务。无论有多少进程实例同时到达这个服务任务，你都可以通过创建订阅，实现一次只处理一个任务。

最后，你能在胶水代码中对 BPMN 流程里的超时进行控制。想象这样一个场景，你要执行一段需要长时间来完成的任务逻辑，例如视频转码，对电影进行转码需要几个小时。通过 pub/sub 的设计，你可以在胶水代码中启动转码，完成后再与工作流引擎交互。而工作流引擎本身不会进行转码操作，这样就避免了工作流引擎的超时。

3.2.2 在流程模型中引用代码

另一个流行的方案是直接在流程模型中引用代码。在执行到相关任务时，工作流引擎会启动这段代码。

大致的实现看起来应该是这样的：

```
<bpmn:serviceTask name="Retrieve Payment"
                  vendorExtension:javaClass="io.processbook.RetrievePayment">
```

以及：

```
public class RetrievePayment implements WorkflowLogicHandler {
  public void handle(WorkflowContext context) {
    //这里与上一个例子相同
  }
}
```

与 pub/sub 机制最大的区别在于，在这种情况下，工作流引擎在自己的上下文中执行这段代码，这表示它工作在引擎的线程中，或者说技术上在同一事务中。虽然这听起来很简单，但它面临几个挑战：

· 技术选择有限，因为你被限定在工作流引擎运行的环境中（比如 Java）。

· 没有解耦，每当引擎执行到相关任务时都会调用这些代码。7.1 节进一步讨论了耦合这个话题。

· 你必须面对计算时间、超时和事务控制等诸多限制。

这可能导致我们遇到最大的缺陷：最终的行为不仅仅取决于引擎，还取决于引擎的配置以及你在胶水代码中的具体操作。这让排障变得相当困难。

在过去的十年里，我为各种开源工作流引擎做贡献。在最初的几个项目中，我们最开始采用的是引用代码，它的简洁令人非常满意。但随着时间的推移，随着工具的使用日益增加，pub/sub 在大多数情况下被证明是更可取的，所以现代引擎都专注于此。云原生架构和多语言团队的发展进一步推动了这种偏好。

3.2.3 使用预建连接器

第三种添加逻辑的常见方案是使用流程自动化平台附带的预建连接器（prebuilt connector）。你可以通过流程模型来引用和配置连接器。比如，如果你想通过 REST 调用某些服务，可以使用 HTTP 连接器，请参考下面的代码：

```
<bpmn:serviceTask name="Retrieve Payment">
  <bpmn:extensionElements>
    <vendorExtension:connector type="HTTP" />
    <vendorExtension:connectorConfig key="method" value="PUT" />
    <vendorExtension:connectorConfig key="url"
                                value="http://myPayment/retrieval" />
  </bpmn:extensionElements>
```

图 3-13 展示了这种方案。

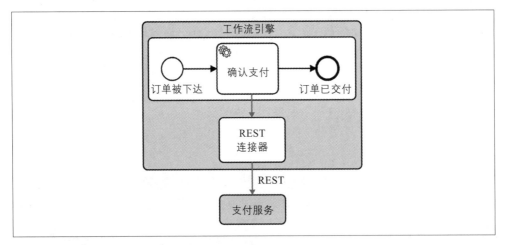

图 3-13：使用工作流引擎的预建连接器集成其他系统

连接器的数量和类型及能力因厂商而异，但有一些常见的缺点：

- 灵活性受厂商设计的局限。实际使用中，你可能很快会触及连接器的限制，例如 HTTP 连接器可能无法正确处理服务调用所需类型的表单。遇到这种情况时，如果你想继续推进项目，唯一的希望是厂商在短期内扩展了连接器的功能。这种情况发生得并不多，但为了应对，你至少要制定一个 B 计划。

- 测试往往更难，因为连接器超出了流程解决方案的范围。测试的灵活性同样也受到了厂商对连接器设计的限制。

- 连接器是某个厂商专用的。

你可能已经发现，连接器不是我的首选。因为如果我能轻松地编写一段胶水代码进行REST调用，我更喜欢用自己选的编程语言，然后将这段代码与模型关联。

然而，在某些情况下，连接器还是能派上用场的。最常见的是，你要组合几个无服务器函数或者 RPA 机器人，在 4.1.3 节和 4.4 节中我们会讨论这些内容。

3.2.4 模型还是代码

现在，你有了不同的选择：你可以使用流程建模语言以及惯用的编程语言来表达业务逻辑。你可能想知道一些原则，以及还有哪种类型的逻辑应该在哪里实现。很明显，都在一处实现是不合理的。一方面，你不希望最终得到一个只有一项任务的流程模型，并且说："这是所有魔法的发生地。"另一方面，图形化编程很恼人，你不希望所有逻辑最终都放在流程模型中实现。过去人们曾经多次尝试推动纯图形化编程，但所有尝试都夭折了。使用常见的编程语言在现代 IDE 上编写代码，从许多方面来说更快、更高效，编写的代码更易于维护。细节太多的模型不仅变得难以维护，而且图形化的价值也不复存在。

因此，根据经验，你可以将编程代码设置为实现业务逻辑的默认代码。无论怎样，都有充分的理由将某些逻辑引入流程模型。以下三个问题可以帮助你决定放在哪里。

你需要在哪里（隐式地）停下

如果需要流程等待，那么无论是人工处理、外部服务可用、响应消息到达，还是出于其他原因，你都需要能够安全地存储状态。这正是工作流引擎为你执行的操作，但前提是相关的任务是流程模型的一部分。

你可以在运维工具中看到流程实例停留在哪些任务上，比如识别哪些实例等待时间过长，并找出原因。你也可以改进流程模型中的任务逻辑，例如，当人工任务等待的时间太长时，通知管理者。

工作流引擎以任务的粒度进行等待。例如，如果附加到一个任务的胶水代码调用两个远程服务，则只有在两个调用都成功时，你才能继续。但是，如果你设计了两个服务任务，每个任务只进行一个远程调用，则工作流引擎可以记住一个服务调用已经成功执行，只需重试另一个。

参与者需要定期讨论什么

你需要定期与其他参与者讨论，过去的经验告诉了我一条重要的规则：所有讨论的内容都应该放在图形模型中。这个规则不是绝对的，因为你可能需要定期讨论复杂的定价计算，但又不想把这些放在图形流程模型中。但作为一般规则它是有效的，尤其对控制流来说是绝对正确的，因为参与者对具体业务感兴趣的程度不同。

你可能还想发掘不同的人群对哪些关键效能指标（KPI）感兴趣。无论模型中包含什么，都会产生工作流引擎的审计数据，可以用于构建 KPI。

什么在跨越边界

更技术性地理解模型与代码问题的方式是关注边界。如果你想调用两个软件组件或服务，而这两个软件又不能在一个技术事务中，这时你应该将这两个调用分离到它们自己独立的任务中。这不仅让工作流引擎可以重试失败的服务调用，还能让开发者围绕一致性策略进行调节。在第 7 章和第 9 章中你将了解有关这些主题的更多信息。

示例

让我们看一个简单的示例。设想你的任务是开发一个服务来确认是否接受新用户。确认过程涉及基本数据的验证和一些评分机制。假设在第一次迭代中你把所有内容都用 Java 实现了，下面的代码是该服务的简化版本：

```java
public boolean isCustomerDataAcceptable(Customer customer) {
  if (!verifyCustomerData(customer)) {
    return false;
  }
  int score = scoreCustomerData(customer);
  if (score >= SCORE_TRESHOLD) {
    return true;
  } else {
    return false;
  }
}
```

目前为止，一切都还不错。你可能需要在白板上画一画逻辑，但还没什么迹象表明需要使用工作流引擎。

现在假设评分功能需要由一些外部服务实现。因此，你不再使用本地调用，而是对 REST 通信和服务可用性的问题进行深入研究。还记得 1.2 节的"荒野大集成"吗？此时是引入轻量级工作流引擎的最佳时机，用它来解决评分服务的可用性问题。图 3-14 展示的流程是一种最简单的选项，流程中只添加一个任务。

图 3-14：如果你只是想利用长期运行的功能，那这种最简单的流程模型就足够了

之后，你可以在胶水代码中执行整个确认过程：

```
@Task(name="CheckCustomerData")
void checkCustomer(WorkflowContext ctx) {
  Customer customer = loadCustomerFromContext(ctx);
  if (!verifyCustomerData(customer)) {
    ctx.setWorkflowData("accepted", false);
  } else {
    int score = scoreService.scoreCustomer(customer);
    ctx.setWorkflowData("accepted", (score >= SCORE_TRESHOLD));
  }
}
```

现在假设每次调用评分服务都要计费。那参与者就会多出许多讨论：什么时候需要对用户评分，应该先进行哪些事项的检查。此时你就可以简单地把这些信息都加入流程中，而不用反复解释如何验证和评分是如何进行的，如图 3-15 所示。

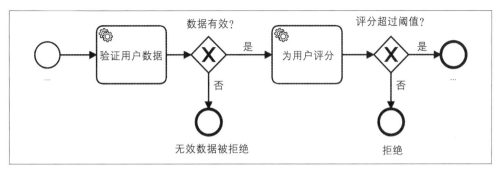

图 3-15：在图形模型中展示这些任务的顺序可能会有所帮助

这个流程模型可以帮你回答许多问题。此外，你还能获得流程相关的统计数据。例如，因为数据无效而被拒绝的订单的比例，因分数较低而被拒绝的比例。

有时，向模型中添加元素还有更具体的原因，如合规、分析或智能。对这些需求要持开放的态度。相应地调整模型一般来说还是比较容易的，这可以快速提供额外的价值，而且通常也不会使图表膨胀。

3.3 测试流程

流程模型只是另一种形式的源码，所以在测试时，同样要关注它们。事实上，对许多工作流引擎来说，这方面与其说是帮助，不如说是阻碍——特别是低代码平台，要么根本不支持自动测试，要么有一些专有的测试运行方式。

一个好的工作流引擎需要支持流程的单元测试，在你评估产品的时候就需要确认这一点。实际上，最好的测试方法是将流程测试与正常的测试过程（例如，在 Java 中使用 JUnit 测试）连接起来。有一些工具提供了良好的支持，甚至包含了验证流程实例是否正常运行的断言。在 2.3 节中展示了 JUnit 对接 Camunda Cloud 的源码示例。

测试的目的不是测试工作流引擎本身（厂商已经做过了），而是验证流程模型、配置、相关的胶水代码以及网关决策表达式是不是都达到了你的预期。

还有一个相对复杂的问题，大多数流程都会调用外部服务，但你肯定不想让每个单独的流程测试都变成完整的集成测试。相反，你想要模拟一个外部系统，以便将测试范围缩小到流程逻辑上。

将流程测试的 hook 连接你所选的测试框架，就能利用现有的框架轻松实现模拟。

3.4 流程解决方案的版本管理

流程可以长期运行，也就是说，一个实例可以持续数小时、数天、数周甚至数月。系统中总是有正在运行的流程实例，如果你要更新流程模型，就必须直面这样的状况。"运行中"指还没执行完成，并且在等待信号继续执行，比如等待人工操作决定一些事项。这些正在运行的流程实例持久化在数据库中，每当你对流程模型进行修改时，都必须处理这些实例。

由于这个问题非常常见，因此工作流引擎提供了版本管理功能：

- 流程模型修改后一旦部署，就会创建一个新版本。
- 活跃的流程实例将继续以它们启动时的版本运行。
- 新创建的流程实例将使用新版本的流程模型运行（除非你明确指定启动旧版本）。

好的工具还会支持将现有流程实例迁移到新版本。

有了这些可能性，你就可以在版本控制的两种基本策略中进行选择：

- 多版本流程模型并行运行。
- 对流程实例做版本迁移。

多版本并行运行

你可以并行运行多个版本的流程模型。这样做的最大优势是，你可以部署修改后的流程定义，而无须关心已经在运行的流程实例。工作流引擎能够根据不同的流程定义管理正在并行运行的实例。缺点是，复杂性需要由你处理。并行运行多版本的流程会带来操作上的复杂性。这些流程会在事件中调用子流程，这些子流程又各自有其版本，这会增加更多的复杂性。

并行运行不同版本是为了：

- 遵循法律的要求，因为有些程序一旦启动就需要保持稳定。

- 在开发或测试系统中，你不用关心旧的实例。

- 应对版本无法迁移的情况（比如，迁移太复杂、太费力）。

对流程实例做版本迁移

你还可以选择将所有流程实例都迁移到刚刚部署的新版本。根据工具的不同，甚至可以编写脚本使用 hook 将迁移动作放入 CI/CD pipeline 里。在以下情况下可以这样做：

- 你要部署的是补丁或一个修复异常的改动，所以你想立刻停止使用所有旧模型。

- 生产中运行多个版本会导致操作的复杂性，而避免复杂性的优先级比较高。

胶水代码和数据定义的版本化

版本控制不止于流程模型。新版本的流程模型可能需要连接新的胶水代码。根据具体情况，你可以引用新的代码，也可以调整现有代码以处理不同的流程模型。

举个例子，假设用户对象中添加了一个新字段，在对用户评分时就要考虑到这些字段。但由于你已经将用户对象作为流程数据保存了下来，旧的流程实例就会有没添加新字段的用户对象。首先，你必须确保能够反序列化这些数据，例如，将新字段设为可选字段。之后，你需要复制用户评分的代码，实现一个使用了新字段的版本。新的流程模型将会引用 customer-scoring-v2，而旧的模型将依旧引用 customer-scoring。

或者，你可以修改代码，确认有新字段时才使用它。虽然这会让代码更复杂，但却有一个明显的优势：如果你将流程实例迁移到新版本，它什么都不需要做就能正常运行。缺点是，随着时间的推移会积累无效代码，为了避免这样，你应该定期检查是否有任何版本依然需要这些代码，如果不再需要，就进行清理。

还有一种处理数据结构变更的方法：编写调整数据的升级脚本。例如，你可以向旧实例添加字段，并设定一个默认值。

3.5 结论

本章详细描述了流程解决方案的组成。我们探讨了 BPMN 以及如何使用它来建模可执行的流程模型，并深入讨论了在工作流引擎上执行这些流程模型所需的条件。本书的理念是不要低代码，要关联流程模型与代码实现。因此流程解决方案是由流程模型及额外的胶水代码组成的。

本章还介绍了一些最佳实践，包括决定将业务纳入流程模型或代码的最佳时机，以及讲述了整个方案要如何在全生命周期适应你的开发过程，包括测试和版本控制。

第 4 章

万物皆可编排

现在让我们转移讨论的重点，来看看流程自动化可以为你解决哪些问题。本章将向你展示，工作流引擎是可以编排任何事物的，尤其是：

- 软件组件

- 决策

- 人

- RPA 机器人及物理设备

那么，什么是编排（orchestration）。这是一个因人而异、内涵丰富的术语。例如，在云原生社区中，编排通常指的是容器管理，是 Kubernetes 等工具所做的工作。在流程自动化领域，编排实际上是指协调配合（coordination）。

回顾 BPMN 示例，你可能会说工作流引擎就是在编排模型中的任务。而这些任务可能还会调用一些外部服务，所以你也可能会说流程在编排这些服务。当你将人工任务添加到其中，工作流引擎还会编排人。虽然这听起来有点奇怪，但这个描述实际上是准确的（如果你觉得别扭，可以将编排一词替换为协调）。

在本章中，我们将以一家小型电信公司为例。每当用户想申请新手机号时，用户的信息必须分别保存到 4 个系统中：CRM 系统、计费系统、SIM 卡配置系统以及在网络中注册 SIM 卡和电话号码的系统。

为了改进新用户的入网流程，该公司决定启用工作流引擎。目前来说，入网流程中的每一项任务都可能会涉及以下内容。

- 软件组件。

- 决策引擎：评估决策。

- 人：操作一些手动的任务。

- RPA 机器人：操作一些图形用户界面。

后面的小节将会详细讨论每个选项。

第 8 章将会深入讨论编制（choreography），这是另一种自动化流程的方法。使用编排时你不需要了解编制，所以我们可以放心地把它留在后面，直到你进一步理解了流程自动化。不过了解编制会让你对方案的适用范围理解得更加透彻，所以还是有帮助的。

4.1 编排软件

作为技术人员，我们从编排软件开始。工作流引擎基本上可以编排任何有 API 的东西。

让我们假设入网流程是图 4-1 这样的。

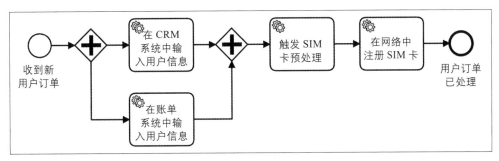

图 4-1：一个将数据编排进不同系统的流程

每当有用户提交新订单时，就会启动一个新的入网流程实例。新用户的数据被并行保存在 CRM 系统和计费系统中。只有在两者都成功的情况下，才会触发 SIM 卡的预处理以及 SIM 卡的网络注册。里面的服务任务会调用一些 API，就像你在本书前面所看到的那样。

这可以叫作完全自动化的流程，也称为直通式流程（STP）。与手动处理相比，它有很多优势：

- 节省人力，减少流程中产生的运营开销。同时，处理能力更强了，这个流程现在能处理更多负载。

- 因为数据传输的准确性有保证，所以可以减少人为错误。

操作工作流引擎和设计流程的方式会受现存不同架构范式的影响。本节将重点讨论面向服务的架构、微服务和无服务器函数。

4.1.1 SOA 服务

图 4-2 展示了一个典型的 SOA 蓝图。这类蓝图推崇的是一个包含工作流引擎的集中式 BPM 平台，通过集中式企业服务总线（ESB）与服务进行通信。正如 1.9.1 节所述，这种集中式的基础设施是典型的痛点，带来了许多问题。

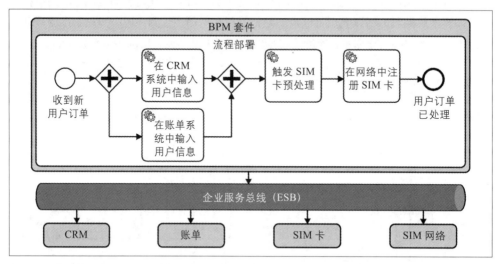

图 4-2：典型的 SOA 和 BPM 蓝图，来自 2010 年前后

这种架构通常不是新项目的首选。当然，将业务逻辑分离到多个服务中是很合理的，但使用微服务思想是一种更现代的拆分业务逻辑的方式，可以避免 SOA 时代的错误。

尽管如此，如果你工作在 SOA 环境中，依然可以成功实现。注意要避免集中式工具带来的问题，处理流程定义的所有权时要格外谨慎——例如，每个业务流程模型的所有权都应该归属于关心业务逻辑的开发团队，而不应该是 BPM 团队。在 6.2.2 节中我们会进一步讨论这个问题。

4.1.2 微服务

微服务吸取了 SOA 的许多经验教训，还定义了 SOA 2.0。Sam Newman 在 *Building Microservices*（O'Reilly）一书中提出了一个有用的定义：微服务是"运行在一起的小型、自治服务群。"

关于小型这个词，最重要的含义是微服务的范围清晰和重点明确。微服务是专门为了解决特定领域问题而构建的。第 7 章会更深入地探讨服务和流程之间的边界。

为了理解微服务定义中自治的含义，让我们假设你的团队对 SIM 卡配置服务拥有完全的控制权。你可以自由选择技术栈（通常，只要你确保在企业架构的边界内即可），并且团队自行部署和运维这个服务。这样你就可以自行决定如何实现或修改服务（只要你不破坏 API）。不必要求别人为你做任何事情，也不必踏上发布列车。团队能够快速交付修改，在事实上提高了行动力，团队成员会因为掌控着服务而真正感到被赋予了权利。

微服务架构风格的流行对流程自动化产生了切实的影响。自动化一个业务流程通常会涉及多个微服务。使用 SOA 的话，编排流程需要在服务"外面"把它们拼接在一起。而微服务架构则并不允许业务逻辑在微服务之外，换句话说，编排微服务要在微服务内部实现。

例如，入网的业务逻辑都在用户入网微服务中，意思是里面包含了入网业务流程。实现此微服务的团队可以决定使用工作流引擎和 BPMN 来自动化这个流程，然后由引擎编排其他微服务。这个决定是微服务内部的决定，对于外部是不可见的，只是一个实现细节。

微服务之间的通信是通过 API 进行的，而不是像 SOA 那样通过 BPM 平台通信。图 4-3 绘制了简要的说明。

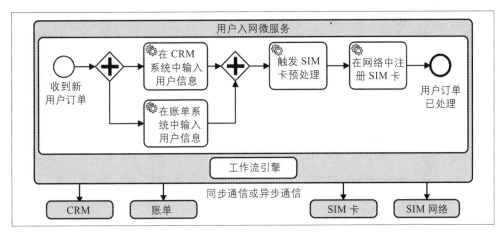

图 4-3：流程是微服务业务逻辑的一部分，不需要集中式的工作流引擎

在微服务社区中，通常的观点是不使用编排，而是让微服务以事件驱动的方式协作。我们先搁置这个问题，第 8 章会继续讨论。

4.1.3 无服务器函数

微服务已经很小了，但你还可以将架构分解为更小的组件：函数。

无服务器函数（serverless function）类似于编程语言中的无状态函数，只不过它托管运行在云基础设施中。也就是说你不必亲自为这个函数搭建运行环境。无服务器函数接收输入产生输出，但需要完全自成一体。例如，你无法在调用结束后使用当前调用中的任何数据（除非你把数据存储在某些外部存储中）。无服务器架构很受欢迎，因为它天然提供弹性扩缩容的能力。当函数不被调用时，不产生任何计算资源的费用。当流量飙升时，又能对资源进行自动扩容来处理请求。

但拥有一堆函数带来一个问题：要如何组织它们去实现目标？假设你想在用户入网时使用这种架构，那你要先实现一个将用户信息添加到 CRM 系统的函数、一个将信息添加到计费系统的函数、一个用于预处理 SIM 卡的函数，等等。

然后就可以用最简单的方法实现入网函数，创建一个引用或调用其他函数的组合函数：

```
function onboardCustomer(customer) {
    crmPromise = createCustomerInCrm(customer); // 2 秒
    billingPromise = createCustomerInBilling(customer); // 100 毫秒
    // TODO: 等待两个函数都成功返回
    simCard = provisionSimCard(customer); // 1 秒
    registerSim(simCard); // 4 秒
} // --> onboardCustomer 的运行时间一共 7 秒
```

这些代码看起来很简洁，但有严重的缺陷。首先，只有当所有函数都可用且能迅速返回结果时，它才能正常工作。不然，你可能成功地在 CRM 系统中创建了用户，还给出了账单，但由于最后一个函数崩溃了，导致用户永远无法拿到 SIM 卡。另外，就像上面代码的注释中标出的，这个解决方案会累积延时。即便用户不在乎更长的响应时间，但它会累积在你的云服务账单中，因为无服务器函数是按照函数消耗的计算时间收费的。

所以，最好避免组合函数。作为替代，大多数项目会使用公有云厂商的消息组件来创建函数链。大致如下：

```
// "customerOnboardingRequest" 消息的回调函数
function onboardCustomer(customer) {
    ··· 一些业务逻辑 ···
    send('createCustomerInCrmRequest');
}
// "createCustomerInCrmRequest" 消息的回调函数
function createCustomerInCrmRequest(customer) {
    ··· 一些业务逻辑 ···
    send('createCustomerInBillingRequest');
}
// "createCustomerInBillingRequest" 消息的回调函数
function createCustomerInBilling(customer) {
    ··· 一些业务逻辑 ···
}
```

使用这种方式，你就能摆脱成本高昂的组合函数，提高代码的容错能力。即便函数中的代码出错，消息队列也会保留应该处理的任务。

目前为止，你依然可能会遇到一些关于批处理或流式处理的问题：你的链路没有端到端的可见性，你没有预留可调试的点，所以很难理解异常和解决故障。为了解决这些问题

（5.1 节会进行更详细的解释），你可以使用工作流引擎来编排函数。当然，你需要一个托管运行的工作流引擎，其实托管的工作流引擎本身也是一种无服务器资源。

在入网的例子中，负责开发用户入网函数的团队也可以定义流程模型，如图 4-4 所示。在这个流程模型中，每个服务任务都绑定了一个函数调用。从技术角度看，如何实现和你使用的公有云环境密切相关，最典型的例子有以下几种：本地直接调用函数、通过 API 网关使用 HTTP 调用函数以及使用消息机制调用函数。你所选的工作流引擎可能还会提供预建连接器（这是连接器的用法之一，在 3.2.3 节中有介绍过）。

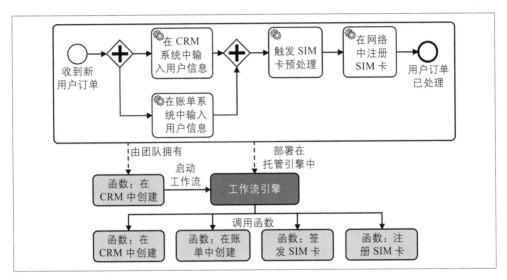

图 4-4：编排函数的流程

每当团队部署入网函数时，也需要将流程模型部署在工作流引擎上，甚至能够实现自动化部署。

现在，每个主要的公有云平台都提供了有状态函数的编排能力（AWS 的 Step Functions、Azure 的 Durable Functions、GCP 的 Cloud Workflows）。但它们都没有提供本书所描述的那种工作流引擎。具体来说，它们都没有使用 BPMN，导致表达能力有限（参见 5.2.1 节），可视化能力较弱甚至缺失（参见 5.2.2 节）。

所以，基于 BPMN 的工作流引擎编排函数还可以带来额外的价值，是一个非常有前景的领域。在本书的网站上[注1]能找到一个使用 Camunda Cloud 和 AWS Lambda 的可执行示例。

4.1.4 模块化的单体架构

不是每家公司都有能力、有意愿抛弃单体架构（monolith，也称巨石架构），去选择实现

注 1：*https://ProcessAutomationBook.com*。

粒度更细的微服务或者无服务器架构。事实上，单体架构仍有其优势，对单体架构的应用甚至还有日益增长的趋势。因为单体架构不是分布式系统，它不必与远程通信还有一致性问题纠缠不休。不过在单体架构中你仍然可以应用模块化的策略，使每次修改只影响代码的一小部分。

单体架构可以运行得很好，但它能否解决你的问题往往与你内部的组织方式及公司规模有关。10 人左右的开发团队一般能很好地掌控一个单体架构，但很难解决 100 个微服务带来的额外复杂度。而千人左右的开发团队构建发布一个单体架构几乎是不现实的。

有一个观察很有趣，本书中关于流程的实践同时也适用于单体架构。你需要以一种意图更清晰的方式构建你的单体架构，例如通过组件化、以软件包的形式组织代码、为重要的服务创建接口。之后要设计可执行的流程，你只需简单编排这些内部组件即可——简单到可能只是使用本地方法替代远程调用。工作流引擎可以作为依赖库嵌入你的单体架构中。流程定义只是所有源代码中的一个附加资源。如图 4-5 所展示的。

这样做，你既能获得工作流引擎的能力（具有状态管理的长期运行功能、流程的可见性），又不会失去单体架构（没有分布式系统）的优势。嵌入一个工作流引擎通常不会对性能产生太大影响。当然，这取决于你选择的工具和架构设计，但即使工作流引擎作为独立服务运行，开销也是很小的（类似数据库一样，只有一些远程调用的开销）。

此外，添加一个工作流引擎还可能为你增加一种灵活性，可以部署修改后的流程模型而不重新部署单体架构。有时仅此一项好处就足以将工作流引擎引入单体架构。

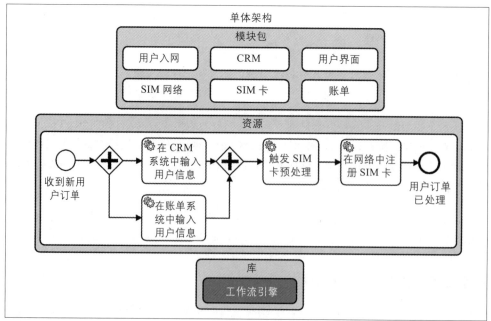

图 4-5：在模块化的单体架构中编排组件

4.1.5 解构单体架构

虽然模块化的单体架构有可能是一个行之有效的解决方案，但许多公司已处在单体架构转向细粒度架构的道路上。流程自动化可以让这趟旅程更加顺畅。假设你已经有一个电信业务的单体架构，现在想修改用户入网规则。你可以借此机会创建一个（微）服务来操作入网，而不是将流程挤到单体架构中。

为此，你必须要为调用的服务创建 API，这也意味着你开始为单体应用增加开放性。同时，你必须删除组件之间的硬连接。例如，添加新用户时不应再由 CRM 组件调用计费组件，最好通过新的（微）服务操作这个连接。图 4-6 展示了这个方案。

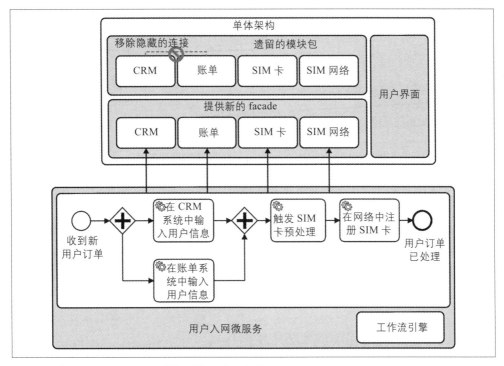

图 4-6：流程可以逐步移除隐藏在单体架构中的连接

这种项目通常不太容易处理。虽然这有点像新瓶装旧酒，但为了解构单体架构和提高灵活性，这正是朝着正确方向迈出的第一步。如果你在接触的每一个流程中都这么做，随着时间的推移，你将慢慢减少单体架构的占用空间，从而有利于更细粒度的架构。我见过的最成功的架构转化正是这样做的：开发者没有急切地进行转化，而是持续迁移，严格且持久地一点点改变。第一步几乎没什么改变，但 5 年后就看到了巨大的差异。

4.2 编排决策

让我们扩展一下入网示例，让其先验证用户提交的订单，验证会通过调用一些决策逻辑或业务规则来进行。由此产生的流程如图 4-7 所示。

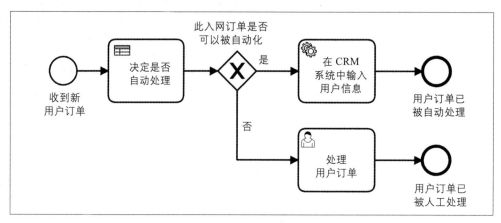

图 4-7：编排决策的流程，判断用户提交的订单是否有效

决策涉及根据定义的逻辑从给定的事实（输入）中得出结果（输出）。虽然这种决策逻辑可以由人类执行，但将其自动化通常是有意义的，特别是在自动化流程中。当然，它可以简单地硬编码，但有一些特征证明使用特定工具是合理的。

首先，决策逻辑是重要的业务逻辑，需要理解业务利益相关者的需求。与流程模型中的控制流相比，决策逻辑变化更快，因此是否能轻松修改这种逻辑对业务灵活性至关重要。每当你了解某些客户订单不能批准的原因，你肯定希望在更多类似的高风险用户入网之前，立即调整决策逻辑。你肯定也想避免没有人了解真实决策逻辑的情况，因为大量代码是几年前写的。

在此基础上，你还希望可视化决策实例，以便了解特定用户订单验证成功与否的原因。

这个领域名为决策自动化。其核心组件是决策引擎，它采用模型所表达的决策逻辑，并根据给定的逻辑进行决策。这些引擎通常还可以对决策模型进行版本控制并存储决策历史。你可能发现这和工作流引擎有一些相似之处，但不同的是决策不会长期运行，决策可以在一个原子步骤中进行。

4.2.1 DMN

与业务流程的 BPMN 一样，决策也有一个全球通用的标准：决策模型和标记法（DMN）。它很接近 BPMN，而且它们经常一起使用。

让我们简单看看 DMN 能做什么。我想在本书中重点阐述两个概念：

决策表

用于定义决策逻辑。多年使用各种格式的经验表明，表格非常适合表达决策逻辑和业务规则。

表达式语言

为了自动化决策，你必须要以计算机能理解的格式表达逻辑。同时，你还希望最终的决策逻辑非开发者也能读懂。所以 DMN 定义了 FEEL（Friendly-Enough Expression Language），可以执行，同时人类可读。如第 2 章所述，一些工作流引擎也会在 BPMN 流程中使用 FEEL，例如，在流程中决定采用哪条路径。

让我们来看一个例子。假设你想自动决策用户是否可以入网，可以创建图 4-8 中展示的 DMN 模型。

Automatic Processing Applicability	Hit Policy: First		
When	And	And	Then
Payment Type	Customer Region Score	Monhtly Payment	⊕ Manual Check Necessary? ⊕
"prepaid","invoice"	long	long	boolean
1 "prepaid"	-	-	false
2 "invoice"	<50	-	true
3 "invoice"	>= 50	< 25	false
4 "invoice"	>= 50	>= 25	true
+ -	-	-	

图 4-8：判断风险的 DMN 决策表

你将使用一些数据点作为输入：支付类型（paymentType）、用户区域评分（customerRegionScore）以及合约相关的月付款额（monthlyPayment）。最终会输出一个结果，在例子中，结果是一个布尔字段，表示是否需要人工复核（manualCheckNecessary）。

表中的每一行都是一条规则。输入侧的单元格包含规则或表达式，会解析为 true 或 false。例子检查的是 paymentType == "invoice" 和 monthlyPayment < 25。这种表达式由表题和具体单元格中的值组合而成。

现实生活中的大多数情况都和例子一样简单，但使用 FEEL 也能创建更复杂的逻辑表达式。下面这些表达式都是可行的：

```
Party.Date < date("2021-01-01")
Party.NumberOfGuests in [25..100]
not( Party.Cancelled )
```

在 DMN 表中，你可以拥有任意数量的输入列。表达式使用逻辑 AND 进行组合。如果所有表达式都得出为 true，则表示规则"触发"。

DMN 表可以控制触发规则，就是你在图 4-8 顶上能看到的命中策略（Hit Policy）。在本例中，命中策略为"First"，意思是触发的第一个规则（从表顶部开始算）将决定结果。所以，在这种情况下，如果用户选择"预付款"（prepaid），第一行的结果就显示：无须进行人工复核。还有其他的命中策略，比如，因为没有其他规则，所以你希望只触发一条规则，或者你希望汇总所有触发规则的结果，例如对风险分数求和。

虽然例子中的表格只有一个输出列，但你可以拥有任意数量的输出列。

在实际存储时，DMN 决策表存储为 XML 文件，就像 BPMN 流程一样。通常来说决策引擎解析该决策模型，然后通过 API 提供决策服务，下面是伪代码实现的例子：

```
input = Map
  .putValue("paymentType", "invoice")
  .putValue("customerRegionScore", 34)
  .putValue("monthlyPayment", 30);

decisionDefinition = dmnEngine.parseDecision('automaticProcessing.dmn')
output = dmnEngine.evaluateDecision(decisionDefinition, input)

output.get('manualCheckNecessary')
```

上面的伪代码以无状态的方式使用决策引擎。先解析模型文件，然后直接进行决策计算。虽然这样实现非常简单，但你可能还希望使用决策引擎的一些高级功能，例如，版本化决策模型或保存历史记录。因此，你的代码可能更像是这样：

```
input = Map
  .putValue("paymentType", "invoice")
  .putValue("customerRegionScore", 34)
  .putValue("monthlyPayment", 30);

output = dmnEngine.evaluateDecision('automaticProcessing', input)

output.get('manualCheckNecessary')
```

4.2.2 流程模型中的决策

决策引擎当然可以独立使用。虽然是有一些不错的例子，但本书的重点在于流程自动化背景下的决策。在这个背景下，决策是和流程挂钩的。

在 BPMN 中，甚至有一个特定的"业务规则"任务类型是用于决策的。出于历史原因，它被称为业务规则任务，而不是决策任务，因为在 BPMN 标准化时，这些工具被称为业务规则引擎。今天，行业才称之为决策引擎。

虽然业务规则任务定义了决策结果应该由决策引擎得出，但它没有具体说明在技术层面要如何实现。因此，你可以编写自己的胶水代码来调用你所选的决策引擎。

另一种替代方案是使用厂商提供的专用扩展。例如，Camunda 提供了一个 BPMN 工作流引擎和一个 DMN 决策引擎，并且将它们集成在了一起（见图 4-9）。也就是说，你只需要在流程模型中引用决策模型。在具体操作中，有关决策原因的审计信息也能直接从流程实例的历史记录中获得。

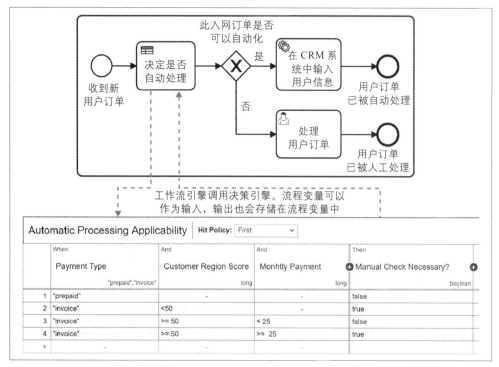

图 4-9：BPMN 流程可以调用 DMN 决策

使用 DMN 进行决策自动化使决策逻辑更容易修改，这是改善业务–IT 协作、提高灵活性的好方法。DMN 是 BPMN 的绝佳拍档，决策自动化对流程中的任务自动化有很大助益。

4.3 编排人

尽管绝大多数公司试图最大限度地自动化流程，但不是每个流程都是完全自动化的。需要人工完成的任务有三个典型原因：

- 虽然有自动化，但往往还是需要人工任务作为后备手段。人类可以轻松处理 10% 的非标案例，这些案例可能自动化成本太高，也可能因特殊情况无法自动化。

- 人工任务通常是迈向自动化的第一步。它能使你快速实现、发布和验证流程模型，甚至这时模型中只有人工任务。之后，你可以使用机器逐个"替换"人工来提高自动化水平。

- 在更具创造性的流程中人工一直发挥着作用，例如处理罕见的例子或做出决策。通过自动化消除重复枯燥的任务不仅增强了人们的创造力，还消除了手动操作和自动化之间的摩擦。

有一点需要注意，业务部门不太可能用"编排人"这个词，更常见（在心理上可接受）的术语是人工任务管理。

使用人工任务实现入网流程大致如图 4-10 所示。

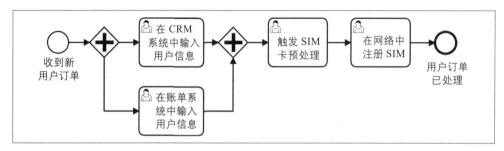

图 4-10：编排人的流程

即使任务本身不是自动化的，使用工作流引擎自动化控制流仍有很多好处，尤其是如果你比较过其他类似的替代方案的话，会更理解这些好处——通过电子邮件发送新合同，由不同的人手动将这些数据添加到系统。例如：

- 确保没有用户订单丢失或卡住，这会提高服务的可靠性。

- 控制任务顺序。例如，你可以把输入 CRM 系统和输入账单数据两项任务并行化，并要求在提供任何东西之前确认两项任务都已完成。这样就加快了整体的处理时间。

- 确保将正确的数据添加到流程实例中，以便所有参与者都能得到他们所需要的。

- 监控周期时间和 SLA，确保没有一个用户订单被卡住太久。你还可以更系统地分析可改进的地方，这有助于提高效率。

- 获得一些关于流程的 KPI，比如用户订单数量、合同类型等。

业务部门可能根本不关心工作流引擎、编排或人工任务管理，即使这些技术在后台支撑了他们的工作。例如，审批收到的发票。可能经理有一个用户界面，可以查看所有未结发票，他可以在那里轻松地审批它们，某个人会去执行付款，然后申请者就能获得款项。你可能曾经在会计工具中有过这样的体验。但在这背后有一个工作流引擎在运行流程模型，所以实际上，需要审批的发票列表可能是流程实例创建的人工任务列表。从业务角度来看，流程模型和人工任务都不能直接看到。

我们将在下一节中讨论人工任务管理中一些有趣的点。

4.3.1 任务分配

一个重要的问题是某个任务应该由谁执行。大多数工作流产品为人工任务提供了开箱即用的全生命周期服务，如图 4-11 所示。

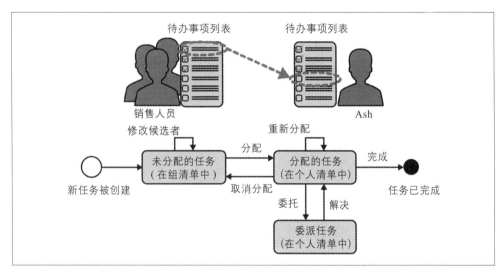

图 4-11：典型的人工任务生命周期

在这个例子中，你可以对候选人和执行人进行区分。任何一个候选人都可以被分配任务。在工作开始的时候会声明第一个候选人是执行人，之后任务才会进入个人清单中。声明避免了两个人碰巧执行同一个任务。当执行人希望其他人解决（部分）任务时，可以将任务进行委托。完成后，任务会回到委托人处。与重新分配工作不同的是，委托意味着将任务移交给一个指定的人，这个人会负责完成该任务。

一般来说，你应该将流程中的人工任务路由到人群（例如"销售团队"），而不是特定的某个人。这不仅放宽了分配的规则，还能应对新员工、离职、假期、病假等情况。当然，这也可能会有例外，例如，某个地区有专门的销售人员。

请注意，流程中的人并不一定是你公司的员工。你还可以将工作分配给用户，例如，要求他们上传缺失的文档。

在 BPMN 中，人员的分配由人工任务各自的属性控制。请看下面的例子：

```
<bpmn:userTask id="Check payment"/>
  <potentialOwner>
    <resourceAssignmentExpression>
      <formalExpression>sales</formalExpression>
    </resourceAssignmentExpression>
  </potentialOwner>
</userTask>
```

4.3.2 辅助工具

有些工具提供了其他功能，如通知、超时处理、升级、假期管理或更换规则。这些功能一般可以配置为任务属性，因此在流程模型中并不可见。

最好利用这些功能，而不是手动将它们建模到流程中。虽然你可能想通过 BPMN 模拟电子邮件提醒来获取在队列中等待太久的工作，但如果你的工具可以通过简单配置实现这个功能，请放过自己。这样你的模型会更容易创建、阅读和理解，如图 4-12 所示。

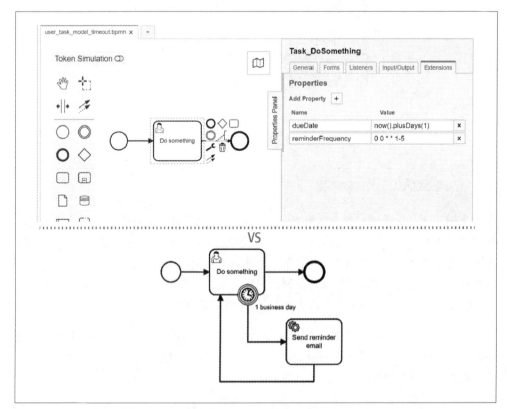

图 4-12：用户任务的内置功能可以帮你，请不要自己建模实现

支持人工任务管理是工作流引擎面临的挑战。除了厂商需要为最终用户提供图形用户界面外，引擎还需要支持任务过滤、查询等功能。

虽然这可能听起来很容易，但如果每天有数千名员工要处理数百万个任务，会变得相当复杂。你还面临一个挑战：提供灵活的查询能力，但又不能因为一个用户的查询拖慢整个公司的效率。厂商实现多种多样，但它绝对和微服务一个接一个处理任务的模式非常不同。

4.3.3 用户任务界面

工作流引擎控制流程，知道每个流程实例下一项任务是否需要人类执行。但人类也需要知道！因此，工作流引擎需要一种与人沟通的方式。

一种方法是使用厂商提供的任务列表应用，如 2.5.4 节中展示的那样。这些工具一般可以让最终用户过滤任务。但这意味着应用可能需要混合业务数据，因为最终用户不仅希望查看任务名称，还希望看到订单 ID、申请的产品或申请人姓名等业务数据。

另一个重要的点是支持哪种类型的任务表单。一些产品只能通过定义简单的属性来创建最基本的表单。其他产品则提供它们自己的建模工具。有些还能让你嵌入 HTML 或使用自定义表单，如自定义 Web 应用程序中的单页程序，或由专用表单生成器创建的表单。请记住，你通常需要将来自流程的数据与引用自任务中的领域数据实体混合在一个表格中，如图 4-13 所示——这可以为你的用户提供更好的易用性。

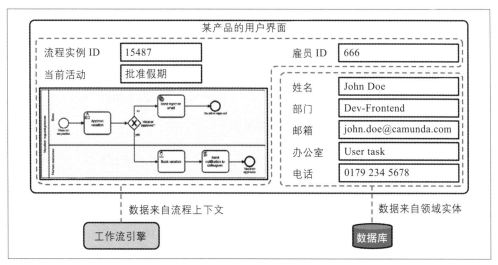

图 4-13：在用户任务的表单中，来自工作流引擎的数据通常需要与领域数据混合

使用工作流厂商的任务列表应用是快速入门的好方法。你可以快速为你的流程建立一个

原型，让它能够点击运行，这多半是为了与业务利益相关者验证流程模型。如果人们可以使用生活中常见的形式来运行流程，而不仅仅是阅读正式的模型，那么他们会更容易理解流程模型。

但在某些情况下，为了让人们参与其中，你还需要一种定制化更高的方式。例如，你可以使用电子邮件、聊天工具或语音交互。工作流引擎可以向某个需要接受任务的人发送电子邮件。这封电子邮件包含完成这项任务所需的相关信息。完成任务后，人们可以通过回复电子邮件或单击电子邮件中的链接来做出反馈。

另外两种常见方式是使用第三方任务列表应用和开发完全自定义的用户界面。让我们简单了解一下这两个选项。

使用外部任务清单应用程序

工作流引擎可以调用外部应用的 API，如图 4-14 所示。公司可能已经在使用一个来自 SAP、Siebel、Trello 或 Wunderlist 等知名应用的任务列表。我看到过一位客户对着大型机的屏幕来处理未完成的任务，并且这是他所有同事日常的工作方式。任务列表也称为作业列表、待办事项列表或收件箱。

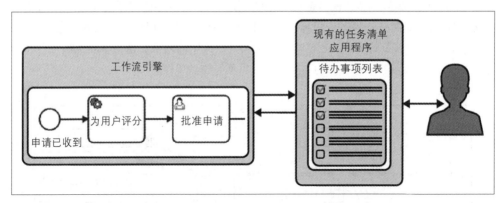

图 4-14：用户任务产生任务列表应用中的待办事项

无论采用哪种方式，这些应用都给用户提供了这几个功能：查看所有未完成任务，标记在处理任务和完成任务。任务状态将上报至工作流引擎。在实现这种集成时，你需要处理以下几点：

• 当流程实例进入用户任务时，要在任务列表应用中创建任务。

• 在工作流引擎中完成用户任务并在用户完成后继续执行流程。

• 任务取消时，触发工作流引擎及用户界面。

• 将业务数据传输到任务列表应用中，反之亦然。

事实证明，检测机制也是很有必要的，可以避免两个系统出现分歧，例如，由于远程调用异常而导致的状态不一致。

当已经存在一款向员工推出过的任务清单应用程序时，往往会使用第三方应用程序，因为这样就能让他们使用熟悉的应用。员工甚至可能没有意识到工作流引擎正在运行，或者后端产品已经被替换。在这种情况下，身份验证和授权问题通常已经得到解决。

构建自己的任务清单应用程序

如果你需要定制化更高的体验，而厂商的任务列表应用又无法满足你，你可以开发定制的应用。这可以完美适应你的需求。你可以自由选择开发框架和编程语言，自定义的应用中，任务可以遵循你的样式偏好和使用方式。通常来说这么做是因为你要将工作流工具嵌入自己的产品中，或者你想向成百上千的用户推出任务列表功能，并且用户界面的影响非常大。

开发自定义应用还能满足特殊的需求。你可能面临这种情况：有几个用户任务在业务层面互相高度依赖，因此应该由同一人在一个步骤内完成。假设要实现一个文档输入管理流程，你决定每个文档使用单独的流程实例来管理，但最终用户收到的邮件会包含捆绑在一起的多个文件。如图 4-15 所示。

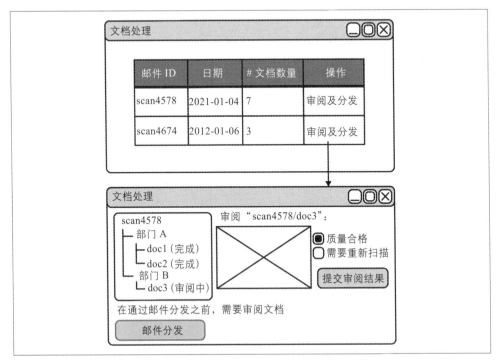

图 4-15：自定义任务列表可以隐藏复杂性并提高效率

在我参与的一个实际项目中，这种方法能让组织内的员工更有效地工作。使用自定义任务列表不是问题，但开箱即用的应用程序可能无法实现。

4.4 编排 RPA 机器人

让我们把重点从编排人类转向编排机器人，确切地说，是机器人流程自动化（RPA）中的机器人。RPA 是处理传统应用程序的解决方案，这些应用程序不提供 API，因为许多旧系统开发的时候对远程连接的需求还没那么大。RPA 工具能自动控制现有的图形化用户界面。其核心主题是屏幕抓取、图像处理、OCR 和机器人操作 GUI。它就像强大的 Windows 宏录制工具。

RPA 最近经历了快速的增长，成为分析师认可的巨大市场。

假如你的计费系统非常陈旧，不提供任何类型的 API。你就可以使用 RPA 工具自动输入入网流程中的数据。在 RPA 行业中，这被称为机器人（bot）。如何开发此机器人取决于特定工具，但通常你需要录制 GUI 交互动作，然后在 RPA 的 GUI 中编辑机器人需要执行的步骤，例如"单击此按钮"和"在此文本框中输入文本"。示例如图 4-16 所示。

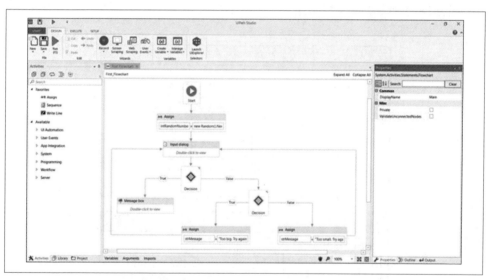

图 4-16：典型的 RPA 开发环境和流程示例

需要注意的是，机器人应该仅实现一个功能。就 BPMN 流程而言，机器人只是实现服务任务的一种方式，如图 4-17 所示。

当然，机器人总是比真正的 API 调用更加脆弱，因此无论何时，你都应该优先使用 API。但现实世界总是充满了阻碍。系统可能并不提供你需要的 API，或者你可能面临开发资源不足的问题。假设在账单系统中输入数据由于人们的入职工作过载而延迟。业务部门需要迅速解决这个问题，因为用户开始因长延迟而取消订单（这导致了更多的人工操作，触发了螺旋式的下降）。但 IT 部门被其他紧急的工作纠缠，无法立即进行改造。

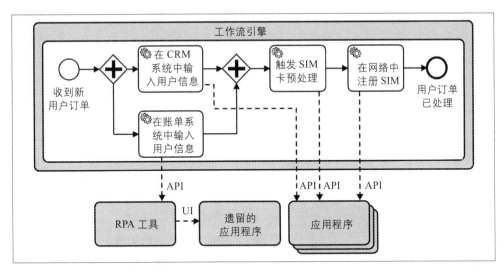

图 4-17：编排 RPA 机器人的流程

开发一个 RPA 机器人可能是业务部门无须 IT 就能快速实现的好方法，这在当下对公司是有利的。但你要记住，机器人很难维护，并且它依赖的用户界面可能会快速发生变化——如果 RPA 解决方案和机器人不受 IT 控制，可能在未来导致架构问题。

因此，在当前这个例子中，你的计划应该是直接用真正的 API 而不是机器人。我甚至见过某个组织要求项目在引入新的 RPA 机器人时增加技术债务，以确保之后会解决这个问题。

你可以通过保留人工任务作为后备，以解决机器人脆弱性的问题，以防 RPA 机器人内部出现错误。这让你能专注于自动化 80% 的案例，并将异常情况路由到人工处理，如图 4-18 所示。

现在，你应该意识到一个风险点。如图 4-16 所示，RPA 流也是一种流程模型。一些公司可能会在 IT 资源有限的情况下尝试使用 RPA 工具实现核心业务流程自动化。不过，这行不通。

 RPA 并不意味着将核心业务流程自动化。使用 RPA 工具作为低代码流程自动化平台是一个泥潭。使用 RPA 流程实现整个业务流程的自动化有严重的缺陷和风险。低代码的所有缺陷在这里都适用，此外，RPA 流会混合各种元素，包括业务流程逻辑和用户界面的控制顺序。

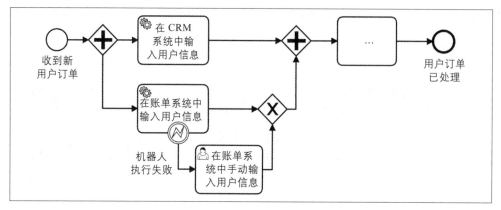

图 4-18：编排人与机器人的流程，将人工作为机器人后备

工作流引擎应该始终作为主要动力来控制整个流程，在无论是出于什么原因无法使用 API 调用资源时才调用 RPA 机器人。

RPA 只应用于流程的一个步骤中。一旦可以，就应该切换到 API 调用。这种架构的美妙之处在于，你甚至可能不需要更改流程模型，只需使用 API 调用替换 RPA 机器人。

4.5 编排物理设备和其他事物

让我们忘掉 RPA 机器人，再进一步。我们还可以编排物理设备，比如实验室中真正的机器人。

从技术上讲，编排设备可以归类为编排软件，因为设备是通过 API 集成的。不过，它还有一些细微的差别。特别是，物联网（IoT）上新出现的用例有一个共同的模式，有无数设备连接到互联网并产生数据。这些数据可能产生一些操作，这些操作也需要编排。

让我们通过飞机维护的例子解释一下。假设飞机产生恒定的传感器数据流——例如，当前的油压。流式处理器可以从这个指标中得出一些实际信息，例如油压过低。这就是另一条数据流。但我们现在必须根据这一探查结果采取措施，在下一个可能的维护地点安排维护。这只是流程的开始，因为现在我们关心的是，机械师要在规定的时间范围内检查问题，然后决定如何处理问题，并安排适当的维护任务。如图 4-19 所示。

从被动接收数据流到对数据流做出反应，这个转换过程非常有趣。在实际项目中，可能会开发一个有状态的连接器，为机械师的每一次检查启动一个流程实例。当同一硬件一直报告油压太低时，不会触发额外的流程实例。如果油压恢复正常，就将这一探查结果路由到现有流程实例，以便此流程实例做出响应。例如，它不再需要维护，任务要被取消。

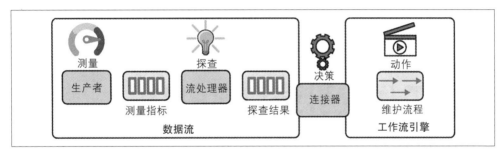

图 4-19：数据流触发工作流启动的例子

4.6 结论

本章展示了工作流引擎可以编排任何事物——从软件到决策再到机器人和设备。这应该有助于你了解流程自动化可以解决哪些问题。当然，在现实生活中，各种用例重叠在一起，流程经常会涉及各种组件的组合。要实现端到端流程，你可能需要在同一流程中编排人、RPA 机器人、SOA 服务、微服务、决策、函数和其他软件组件。

注意，有些人把编排称作人工任务管理和直通式流程。

第 5 章

选择工作流引擎和 BPMN

本书专注于使用工作流引擎和 BPMN 实现流程自动化。当然，开发者的工具箱中还有其他可以自动化流程的方法。而且，BPMN 也不是你唯一能用的流程建模语言。

本章提供了我做出这些选择背后的知识。希望这些知识不仅能说服你，还能帮你在与公司、组织讨论时阐述清楚为什么某些场景使用工作流引擎和 BPMN 可以获益。如果你只是想继续学习关于流程自动化的知识，完全可以随时跳过本章，稍后再看。本章将讨论以下内容：

- 展示工作流引擎的替代技术，以及你在权衡时应该关注什么。

- 简述其他可选的流程建模语言，解释为什么我认为 BPMN 是最好的选择。

- 简要介绍区块链上的流程自动化。

5.1 其他实现方式的局限性

开发者每天都在使用不同的方法自动化流程。每一种实现方式都有自己的缺点，而采用工作流引擎在多数情况下都是有益的。让我们来聊聊常见的非工作流引擎方案是如何工作的。

5.1.1 硬编码流程

在 1.2 节中已经完全展示了硬编码流程自动化。为了表述的完整性，我在这里把标题列了出来。

5.1.2 批处理

批处理是流程自动化中一种非常受欢迎的方案。让我们先了解一下什么是批处理作业，以及如何使用一堆批处理作业实现流程自动化。

你有没有在酒店坐过拥挤的电梯？对于批处理作业来说，这是一个很好的比喻。所有物品（你和其他乘客）都要等电梯，之后进入电梯，然后进行处理（被送到各个楼层）。

在一家摩天大楼酒店里，你甚至不得不换乘多部电梯，第一次批处理作业（乘坐电梯）执行成功后，你必须排队等待下一次的批量任务。如果有人使用了紧急停止功能，电梯中的每一个人都不能再继续往上。

这里面唯一的流程就是将你从酒店大厅运送到客房所在的楼层，但却是由多个批处理作业实现的。其中任何一个作业都不了解整个流程，即使架构师想要把你服务到位都做不到。

这个比喻甚至比常见的 IT 批处理还要友好。电梯会对你按下的按钮做出反应，这样批处理作业的执行等待时间会相对较短。但大多数现实中的批处理作业都是基于时间控制的。你可以认为是多部电梯，A 电梯在早上 8 点往上升，B 电梯在上午 9 点上升，以此类推。在这种情况下，整个流程需要的时间会非常长。

总结下来，一个批处理作业只专注于流程中的一个任务，整个流程由多个批处理作业交替实现。批处理与真正的流程实际上是正交的。

图 5-1 是一个真实的批处理案例。在这个例子中，客户在线请求更新信用额度。此请求不会立即被处理（一般叫在线处理），而是在队列中等到下一次批处理时运行，通常来说会在一天中的特定时间触发。触发后，这一批次中正在等待的所有事项都会被立刻处理。

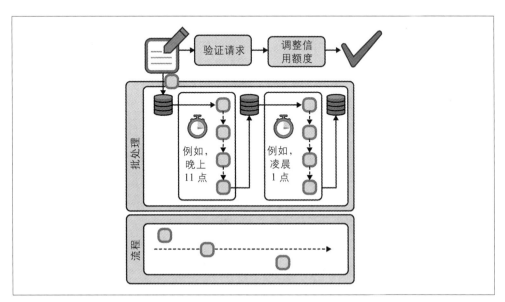

图 5-1：批处理与实际流程是正交的

批处理是一种非常流行的方案，因为计算机在最初创建时就是这样运行的。在那时，计算机一次只能运行一个程序，从磁带之类的顺序存储中读取数据。而今天，大型机针对批处理进行了优化，它可以非常高效地一次处理大量数据。但这种批处理在流程自动化方面存在严重的缺陷：

- 批处理增加了每个独立工作单元的处理时间，拉长了流程周期。虽然这种行为模式在通信还靠寄信的时代是完全可以忍受的，但在智能手机的时代，用户不再满足于这样的处理速度。一些组织试图通过更频繁地调用批处理来减少延迟——甚至在上一个批处理作业完成前就开始了新的批处理作业，然后这导致了各种奇奇怪怪的并发问题。

- 故障处理变得更加困难，原因有三。第一，故障通常会使整个批处理作业停止，但并非所有批处理作业都可以从停止的位置重新启动。这不仅仅导致所有项目的意外延迟，还可能会导致重复处理。第二，故障不会暴露任何上下文信息。运维人员可能只看得到批处理作业中的故障和导致它故障的记录，但没有显示这条记录是如何产生的，为什么它会包含这些奇怪的数据，这条记录在下游应该进行什么操作，等等。第三，通常并不清楚如何清理失败的批处理作业，也不知道如何恢复到原始状态以保证一致性。简而言之：运维人员不知道流程全貌。这使得分析问题、解决问题变得非常困难。

- 流程不可见，因为它隐藏在一个个批处理作业的交替中。公司需要在调度上投入大量精力，以确保批处理可以按正确的顺序运行。公司必须挖掘很多信息才能理解这个流程。整个架构变得脆弱且难以迭代。

许多企业已经启动了"不准批"计划，开始逐步淘汰批处理，避免这类缺陷。最近我看到一个例子是在一家大型汽车保险公司，该公司开始替换一批用来处理大型车队保险续约的批处理作业。为了完成一整个车队的续约工作，他们设计了一个端到端的流程，并为每个合同创建了子流程。通过这种改变，他们缩短了整体处理时间，还避免了批处理作业的那种失败。当一个合同有故障时，只会在这个失败的流程实例中创建事件，故障可以轻松地被识别、理解、解决然后继续流程。在解决该事件的同时，整个续订流程仍然可以继续工作，故障不会影响其他合同和客户。

在某些情形下，你需要查看的数据和所有正在处理的记录都有关系，比如要计算总数。这时，批处理作业与流程就不正交，而是与流程中的一个任务正交。从流程的角度看，这只是个小问题。

5.1.3 数据流水线和流式处理

近年来，流式数据（data streaming）越来越受欢迎。流式数据背后的思想是从静态数据转向动态数据。静态数据存储某个位置，由基于时间控制的大型批处理作业来处理。

而动态数据通常则是源源不断地来自队列或不可变日志，接收到数据后就由流处理器（stream processor）处理。这样就减少了等待时间（延迟），提高了处理速度。

有一个很好的例子可以说明流式处理的用处：检查信用卡付款重复刷卡问题，商家通过重复刷卡来获得两倍收款。传统上会通过夜间运行批处理作业来捕获重复交易，但现在可以通过流式架构进行实时发现。这样就能立刻向客户发送通知，甚至用户还在店里，如图 5-2 所示。

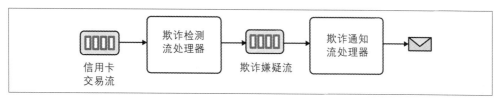

图 5-2：数据流不断地运送数据，减少延迟

流式架构与响应式架构齐头并进，因为流处理器是响应式的——它们只是响应新数据。需要注意的是，市场上的一些工具指的是 data pipeline（数据流水线）或 data flow，而不是 data stream，而另一些工具是指事件流也不是数据流。

流式处理有很多用例。常见的例子是 ETL（提取、转换、加载）作业，这些作业将数据从一个数据库转储到另一个数据库，例如，从你的生产系统转储到数据仓库或数据湖中。另一个典型的例子是使用无服务器函数为每张上传到某类存储的图片创建缩略图。

流式数据处理和流程自动化之间的界限可能会很窄，你可以连接几个流处理器实现一个流程，例如订单履约流程，如图 5-3 所示。

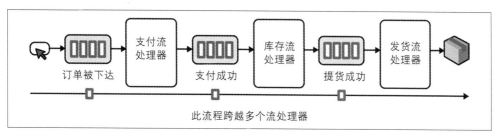

图 5-3：使用流式处理实现流程

使用流式处理进行流程自动化具有传统批处理的大部分缺点，但延迟除外。缺乏可见性，修改流程的能力也有限，这样的系统很难运维，很难诊断故障，也很难查询当前状态。我们来详细了解这些缺陷。

因为流程是由流处理器的互相连接实现的，所以缺乏整体流程的可见性。流程实例并不真实存在，因为只有数据流经队列。你无法审视整个流程的真实运行方式。各种行为模式在运行的时候才显现出来，这使得流程很难被理解，尤其是与明确定义流程逻辑的方法相对比。最近我听说了尼尔·福特发明的弹球机架构（pinball machine architecture）一词，我觉得他抓住了这个架构的精髓。

你修改流程的能力也有限，主要是因为修改你不理解的内容确实很难。但假设你擅长挖掘信息，并设法获得清晰的图景。你依然有一些修改无法进行，因为这可能需要修改多个流处理器，同时可能需要进行协调部署。这最终会导致一定程度的耦合，而这种耦合是我们都希望避免的。

第 8 章更深入地讨论了这个问题，还展示了事件驱动通信和流式架构的一些例子，既有好的，也有坏的。在那里你会看到，在某些情况下使用流式处理非常棒，但它也有可能让你的架构退化。

常见的工具只允许创建无环模型，也就是说你无法实现回环（loop back）。虽然对于 ETL 作业来说这是一个合理决定，但它确实限制了这些工具在流程自动化方面的可能性。通常，在许多流程中你都会操作循环。例如，用户可能会修改订单，可能会撤销付款，叉车可能会略过漂亮的小包裹。现实世界可能会发生很多事情，令你不得不回到流程的开始阶段。

为了解决可见性方面的问题，一些工具允许你以图形化方式建模数据流。但即使有了这些图形化的手段，仍然很难操作构建好的解决方案，因为整个业务的状态是几乎分布在所有数据流中或流处理器程序中。如果你需要查询一个流程实例当前的状态，只询问单个组件是不行的，你还必须从各个数据源中拼凑数据。

如果流程运行中出现故障，事情会变得更具有挑战性。你无法简单地停止一个特定的流程实例，无法捕获问题并告知某人去解决问题。相反，你不得不将有毒的数据写入某个死信队列中以显示故障。

5.1.4 actor 模型

actor 模型是处理并发计算的一种方法。它基于消息传递：基本概念是有一个单一职责的软件组件，即所谓的 actor，由它处理每条特定类型的消息，从而完全控制线程和并行程度。actor 之间以及 actor 和自己只能以消息的方式通信。由于并行处理通常被限制在单一的 actor 中，因此你不仅可以使用队列，还可以让整个系统进行扩缩容。

actor 可以实现本地持久化。一些框架明确定义了持久化 actor 的概念，因此你可以轻松构建一个 actor 与其他 actor 通信来完成特定任务，实现流程。

项目中经常会把流程硬编码为这种持久化的 actor。这确实有一些优势，流程定义放在了一个更容易查找、容易修改的地方。但它也有着严重的缺陷，你应该警醒：

- 因为没有建模语言，所以无法支持长期运行所需的那种模式（详见 5.2.1 节）。也就是说你必须自己写代码实现这种模式。

- 流程逻辑隐藏在源代码中，不可见，这使得所有关心流程的人都难以理解流程。

关于 actor 模型值得注意的是，行业内采用这个模型很有限，这更像是一个现实问题。即使某些工具在很长一段时间内大力推崇 actor 模型，并且这个模型可能在某些场景确实有优势，但大规模采用这种模式的公司依旧不多。尤其是你需要让你的架构全部使用 actor 模式，才能利用上 actor 生态带来的优势，能这么做的人非常罕见。

有一个使用 actor 的有趣组合：利用工作流引擎处理详细信息，构建一个 actor 实现流程。这让缺陷变少了，非常棒。你可以在本书网站上找到示例代码的链接。

5.1.5 有状态函数

现代流式架构和公有云环境提供了一个叫作有状态函数（stateful function）的概念（例如 Azure Durable Functions）。这种函数可以长期运行，并在两次执行之间持久化其状态。这和上一节中描述的持久化 actor 有些相似。

虽然这个函数也可用于长期运行的流程自动化，但与专用的工作流引擎相比，它有严重的缺陷：

- 因为没有建模语言，所以无法表达长期运行所需的那种模式。5.2 节将详细讨论流程建模语言。

- 流程逻辑没有图形化的形式，这让业务人员、开发人员和运维人员之间很难协作。总体而言，这些框架仅针对开发人员，而没考虑其他角色。

- 调度和版本控制相关的支持非常有限。例如，函数在同一套编排代码中运行多个不同版本的流程是不太容易的，即便能做到也是一些临时的方案。

- 运维工具之类的周边工具非常简陋。

请注意，目前这一领域的创新正在飞速发展，尤其是无服务器架构。因此，虽然在我写本书的时候描述是正确的，但等你读到本书的时候情况可能已经有了些许不同。如果你正在考虑使用持久化函数（durable function）来自动化流程，那么这些限制可能需要仔细推敲一下。

5.2 流程建模语言

目前为止，你已经接触了 BPMN，这是我最推荐的一种流程建模语言。但除此之外还有很多其他的选项，我经常参与选择哪一种语言的讨论，这些讨论通常不是基于事实来做表达，而是基于个人观点、个人偏好。有一次，我和一家总部位于硅谷的大公司进行交流，架构师告诉我，他们无法用 BPMN 工作，因为它序列化后是 XML："XML 太老了，你懂的。"

在没有论据的支持下，根据直觉做决定可不是一个好的做法。相反，要试着理解你遇到的问题是什么，理解不同的解决方案之间如何权衡。对于使用 XML 的流程模型来说，常见的批评是差异（diff）和合并（merge）有问题。如果同事和我同时更改了流程模型怎么办？虽然处理 XML 文件看起来很复杂，但实际上这不是一个大问题。很少有两个人在模型中修改相同的元素，即便这些修改在同一个 XML 文件中，通常也相距较远。因此，如果你遵循一些基本规则，还是很容易将 XML 作为文本文件进行差异和合并的。最重要的是，你不应该触及不想修改的元素，或者在没有必要的情况下重新布局。这和你处理源码的方式规则相同：如果没有充分的理由，你不会重新格式化整个文件，因为这会让你更难以发现真正的差异。

总的来说，反对 XML 的两个观点（它太古老，并且很难合并）经不起推敲。

不过让我们退后一步，谈谈在选择流程建模语言时审视真正重要的方面。在接下来的章节中，我们将讨论以下问题：

- 这种语言支持什么样的行为？这个问题定义了语言整体的成熟度，决定了你选择的语言是否会遇到无法建模的情况。

- 图形化展示给表格带来了什么价值？应该使用基于图形化的建模语言吗，还是说基于文本的语言就足够了？

5.2.1 工作流范式

为了判断流程建模语言是否提供了你所需的功能，可以参考 Workflow Patterns 主导定义的范式，他们主导的研究已经完成：

> 对于工作流语言或业务建模语言需要支持的各种方向（控制流、数据、资源和异常处理），这个网站都提供了全面的检查项，可用于检查某个工作流语言或工作流系统是否适合某一项目。

Workflow Patterns 只是定义了范式，而不是任何类型的实现。BPMN 实现了其中大多数的范式。其他的语言，如 AWS Step Function 中使用的 Amazon State Language 仅仅实现了其中的一些。这能帮你判断所选的流程建模语言能力有多强。

如果你是个在意范式的人，可能会发现读完网站上所有范式的描述很有帮助。这能帮助你理解为什么需要一个经过良好设计的流程建模语言，以及为什么你不应该编写自己的工作流引擎。

你可能想知道这样的工作流范式是什么样的。表 5-1 展示了一些基本的控制流范式及其在 BPMN 中的表达方式。

表 5-1: 来自 *http://www.workflowpatterns.com/patterns/* 的一些工作流范式及 BPMN 中的映射

范式编号	范式名称	BPMN 元素	描述
1	顺序流 (Sequence)	A → B	一个任务在流程中的另一个任务完成后启动
2	并行分支 (Parallel Split)	⊕	一个分支分为两个或多个并行的分支,每个分支并发执行
3	同步 (Synchronization)	⊕	两个或多个输入分支汇聚为一个后续分支,当所有的输入分支都到达时,线程才会将其传递给后续分支
4	排他选择 (Exclusive Choice)	⊗	分支分为两个或多个不同的分支,当输入分支到达时,控制线程会根据某种传出分支选择机制立刻选出一个分支进行后续操作
5	简单汇聚 (Simple Merge)	⊗	将两个或多个分支汇聚到一个后续分支中,输入分支中的任意一个到达都会触发控制线程的向后传递
...			
14	运行时确定多实例 (Multiple Instances with a Priori Run-Time Knowledge)	Do something "for each" ‖‖‖	在给定的流程实例中,可以创建多个任务实例。所需的实例数量可能取决于一些运行时因素,包括状态数据、资源可用性和进程间通信,但在这些信息必须创建任务实例之前就给出。一旦启动,这些实例将相互独立且并行运行。在触发任何后续任务之前,实例必须完成同步

自定义的流程建模语言通常承诺比 BPMN 更简单。但事实上,它们声称的简单意味着缺乏重要的范式。因此,如果你关注这些建模语言的开发,随着时间的推移你将看到它们偶尔会增加一些范式,这些工具成功时,语言复杂性几乎不可避免地会像 BPMN 那样,但却是这些工具专有的复杂性。

这就是我一直不理解的:既然有 BPMN 这样成熟且可用的标准,为什么还使用自定义建模语言?

5.2.2 图形流程可视化的优势

图形流程可视化的好处很明显：模型的可见性和可理解性，以及和不同干系人讨论时的易用性。

对于业务利益相关者来说，图形模型是实施前和实施期间用来讨论需求的可靠工具。它能回答开发者对需求提出的一系列质疑，"这显然不完整"或者"它显然永远不会生效"。图形模型有助于在早期识别潜在的问题，甚至可能是由业务利益相关者自己发现的。

运营人员也能利用图形模型，例如可以在流程实例中标记遇到的问题。它们能让非开发人员大致了解正在发生的事情，而使用代码实现是做不到这些的。

有一点值得注意，图形模型能在开发者之间进行对齐。现在闭上眼睛（假装闭上），想想你同事最后一次向你解释某个流程、算法或其他复杂软件实现。他们真的给你看了一堵写满代码的墙吗？他们带你浏览了一份长篇累牍的文档吗？还是说，他们在白板上画了一幅图来解释核心概念？我打赌是后者。

 关于图形模型，甚至还有来自知觉心理学领域的论点。"一幅画胜过千言万语"这句话很好地解释了那个观点。更极客的说法是，在做基于视觉的模式识别时，你能利用大脑的 GPU，但在阅读时，你不得不使用 CPU。使用图形模型有助于降低 CPU 利用率，为思考模型的内容留出计算空间。当然，这仅适用于你学习了图形化建模语言并在你的大脑中准备好使用它们，不过 BPMN 等语言的核心元素是一些方框和箭头，大多数人都能直观地理解它们。因此，图形模型释放一些你大脑的 CPU 用来更好地开发模型，不是更好吗？

让我讲一个简短的个人经历来强调一下图形模型与实际实现相匹配的价值。还记得在前言中，我提到我的朋友如何创办自己的企业，开设了一家零售店专门销售显卡的那个故事吗？那也是我第一次学习流程建模。我开始是使用 Microsoft Visio 绘制流程，然后与我的朋友以及他仅有的几个员工进行讨论。虽然 Visio 提供的建模体验远称不上好，生成的图片也只是纯粹的文档，但我却从中受益。

我当时对流程模型感兴趣，便开始搜索可以直接执行它们的工作流引擎。我最终找到了一个可以处理这些的开源项目，流程模型得以上线。

20 年后，我发现那个软件仍在我朋友公司使用。最令人惊讶的是，即使在公司不断发展（因为显卡修改不再是难事）和新员工不断加入的情况下，可执行的图形化流程模型仍在使用中。这些模型帮助人们理解公司的业务流程以及软件行为。

我是可执行图形模型的忠实粉丝。我创建的 Visio 图表现在已经完全过时了，但可执行模型是源代码，它仍准确展示着实际执行的内容。

实现图形流程可视化有两种方法。最简单的方法是像 BPMN 那样创建一个包含图形信息的流程模型。记住，专有的符号限制了可视化在与其他角色协作时的价值。就此而言BPMN 真的是一个不错的选择。

另一种方法是基于流程模型自动生成可视化内容，这种模型甚至只能以文本形式使用，如下一节所述。遗憾的是，自动生成的可视化内容通常很难理解。

5.2.3 纯文本流程建模方案

除了 BPMN 创建的图形流程模型，还有文本模型。这种模型要如何创建呢？最常见的方法是使用 JSON 或 YAML 来定义流程模型，下面的例子取自 Netflix Conductor：

```json
{
  "name": "sample-workflow",
  "version": 1,
  "tasks": [
    {
      "name": "task_1",
      "type": "SIMPLE"
    },
    {
      "name": "someDecision",
      "type": "DECISION",
      "decisionCases": {
        "0": [
          {
            "name": "task_2",
            "type": "SIMPLE"
          }
        ],
        "1": [
          {
            "name": "fork_join",
            "type": "FORK_JOIN",
            "forkTasks": [
              [
                {
                  "name": "task_3",
                  "type": "SIMPLE"
                }
              ],
              [
                {
                  "name": "task_4",
                  "type": "SIMPLE"
                }
              ]
            ]
          }
        ]
      }
    }
  ]
}
```

```
        }
      ]
    }
  },
  {
    "name": "task_5",
    "type": "SIMPLE"
  }
  ]
}
```

在 JSON 文件中，任务定义的顺序也定义了流程中任务的顺序。要支持不同的顺序需要做显式的定义转换，一般是通过引用元素的 ID 实现。实际上这与 BPMN 模型背后的 XML 序列化格式没有太大区别。

通常，纯文本建模的问题是缺少建模工具。尤其是想添加循环或并行路径时，刚刚展示的那种 JSON 文件中很难表达复杂的工作流程。

另一选项是通过代码表达流程模型，下面是 Spring State Machines 的例子：

```
public void configure() {
    states.withStates()
        .initial(States.START)
        .state(States.RETRIEVE_PAYMENT, new RetrievePaymentAction())
        .state(States.WAIT_FOR_PAYMENT_RETRY)
        .end(States.DONE);

    transitions.withExternal()
        .source(States.START)
        .target(States.RETRIEVE_PAYMENT)
        .event(Events.STARTED)
        .and()
        .withExternal()
        .source(States.RETRIEVE_PAYMENT)
        .target(States.DONE)
        .event(Events.PAYMENT_RECEIVED)
        .and()
        .withExternal()
        .source(States.RETRIEVE_PAYMENT)
        .target(States.WAIT_FOR_PAYMENT_RETRY)
        .event(Events.PAYMENT_UNAVAILABLE)
        .and()
        .withExternal()
        .source(States.WAIT_FOR_PAYMENT_RETRY)
        .target(States.RETRIEVE_PAYMENT)
        .timer(5000l);
}
```

这个例子可以在 IDE 中直接编辑，编译器能够做一些检查。但依然很难表达不按线性顺序执行的流程。假设有图 5-4 所示这样一个流程，在信用卡收款的同时寄出发票。这很难用可理解的纯文本表达出来。

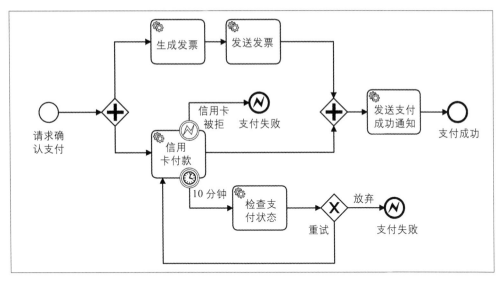

图 5-4：一种难以用纯文本表达的领域特定语言（DSL）流程模型

简而言之，除了简单的模型外，其他所有模型都很难用文本形式表达。但包括 Camunda 在内的一些工具能让你先编写代码表达模型然后再生成 BPMN XML 文件。这能让你在后面流程变得更加复杂时切换到图形化建模。

在提供演示文稿时，我经常使用这个功能，先用 Java 代码定义一个简单的流程模型。这样，观众可以清楚地看到这些建模工具背后并没有隐藏的魔法。我当然也可以用 BPMN XML 文件做到这一点，但一开始代码通常比 XML 文件更容易理解。在这背后是工作流引擎生成了一个带有自动布局的 BPMN 流程模型，包括那些图标。

5.2.4 关于图形化建模的常见问题

那么为什么，这个世界并不是直接地全然接纳图形化流程建模，并让图形模型成为主流呢？这是个好问题！根据我的经验，一些开发者不太喜欢图形化建模语言。下面是一些常见问题的概要：

其中隐藏着魔法

在进行了大量的会议演讲和现场演示后，我了解到，如果开发者认为自己错过了解决方案中的重要部分，他们会感到不舒服。由于图形化建模工具通常将某些逻辑和配置隐藏在属性面板或向导中，不知道这些工具存在的用户会感觉他们遗漏了关键的事物。即使没有使用神秘的魔法（其中也确实没有任何魔法），他们对这些工具也永远不会有充分的信心。

相比之下，源代码不会隐藏事物。简单的解决方案是可以在图形化视图和序列化 XML 文件之间切换。在文件中就不会隐藏任何东西。另一个可行的策略是在开始时使用代码对流程进行建模，并在流程模型变得更加复杂后立刻切换到图形化建模方法。

降低了开发者的体验或开发速度

开发者非常了解如何处理文本文件。他们在惯用的版本控制系统上是专家，能在复杂的场景中做差异合并。像 GitHub 这样的平台支持一些开箱即用的常见功能，那些 IDE 提供了代码补全和复杂的模板，这些都可以提高开发人员的工作效率，是很棒的工作平台。

图形化概念带来的是一些奇怪的东西，不符合他们的工具观。这个观点一部分是正确的，在编辑模型时，你可能会失去 IDE 提供的某些功能，例如已知类和已知方法的代码补全。但还有一部分是错的，正如我们之前看到的那样：你可以轻松对图形化模式（XML 文件）的序列化格式进行差异合并，这个文件能直接归入你的版本控制中。一些工具甚至能让你在 BPMN 上进行图形的差异化。

但这种担忧大多时候无关紧要。3.2 节表明，你在流程模型或代码中都可以表达逻辑，最后将它们组合在一起即可，这样流程模型"仅"表示任务序列，所有其他逻辑仍然存在于常规代码中。

威胁到了开发者的自我形象

一些开发者不接受一个事实，即正常人也可以理解他们在做什么。他们是艺术家，工作的软件背后当然一定要有一些神秘的东西。这也保障了他们的工作安全，至少他们认为是这样的。但在你的项目中抱有这种心态显然会在未来导致严重的问题，你必须解决这个问题。

在过去的几十年里，软件工程产生了很多改变，开发者经常在讨论需求和勾勒正确的解决方案上花费大量时间，这一点要尽快改变。敏捷方法和协作无处不在，图形化流程模型也是拼图中重要的一块。

另一个担忧是，一旦你拥有了可理解的图形模型，业务利益相关者能随时干预开发过程，并且希望加入与解决方案设计有关的所有对话。我见过这种情况的发生。但解决方案不是避免使用图形模型，而是学习正确使用它们。这主要与项目中的不同角色互相尊重有关。可执行流程模型也是源代码，是解决方案设计的一部分，因此应由构建解决方案的人员（即开发团队）负责。他们需要对设计决策进行最终确定，如果有充分的技术原因要修改模型，他们需要有这样做的权利。当然，他们还需要能够向其他干系人解释原因。同样地，流程模型需要包含在软件开发人员的工具链和 CI/CD pipeline 中。

可执行流程模型也是源代码，必须由软件开发团队拥有和管理。

5.2.5 图形化与文本化

总之，可视化有利于包括开发者在内的所有相关方理解流程逻辑。在流程的讨论和运维期间，它有助于让每个人都参与进来。

创建可视化模型的最简单方法是使用图形化建模语言。这样能确保复杂的流程也能被理解。

请记住，只在流程模型中以图形方式表达任务本身的顺序，然后将其他逻辑的代码与它关联。这样在两个方向上，你都能获得最佳的体验。

5.3 区块链上的流程自动化

我想在本书中加入一段区块链相关的内容，因为围绕这个话题有很多疑惑。区块链常常被描述为一种将从根本上改变业务流程的技术。下面我们就来快速了解一下这对于流程自动化有怎样的意义。剧透警告：对于公司内部流程的自动化来说，它不会有太大影响。它只影响多方合作。

但一步步来。我们将从一个例子开始。几年前，我不得不买辆车。于是，我打开了惯用的门户网站，搜索到一辆车，然后通过邮件购买了它。这个平台只是一个代理商，购买流程由经销商直接处理。

在这种情况下，有两方互不信任：我不信任汽车经销商（这是一个崇高的职业，但出于某种奇怪的原因，我总认为汽车经销商想坑我），汽车经销商也不信任我（主要是因为他们不认识我）。但同时，汽车又足够贵，双方都重视信任程度。

这是一个无解的情况，我不想在拿到汽车的产权凭证之前转账，经销商也不想在收到钱之前发送产权凭证。

与互不信任的合作伙伴做生意是区块链方案的最佳使用场景。在这种情况下，解决信任缺失问题的经典方法是引入值得信赖的第三方，如银行、公证人或一些专门服务。区块链技术可能会使这种中间人变得没有必要。

区块链能在没有中间方的情况下建立信任，其方法是提供一个数据库，将所有数据分发给加入其中的每个人，并添加一些巧妙的加密技术，使数据一旦进入其中，就不可修改或伪造。这形成了一个让每个人都可以信任的数据库，因为没有一方有控制权。

实现这些是可能的，区块链上称之为"智能合约"（smart contract）。智能合约就是区块链中自动化的、长期运行的程序。其中的数据及当前状态是有保障的。从某种程度上说，智能合约可以被视为一种在区块链中具有持久化的工作流引擎。不过其特殊性是流程模型和所有实例都是公开可见的。

智能合约能让汽车购买流程的公共部分自动化——只限于双方都达成一致的部分。特定于一方的智能合约除外的所有流程要么手动处理（客户方），要么自动处理（销售方），或许汽车经销商使用的就是本书中所讲述的流程自动化方案。图 5-5 中的协作模型将这一切都可视化了。

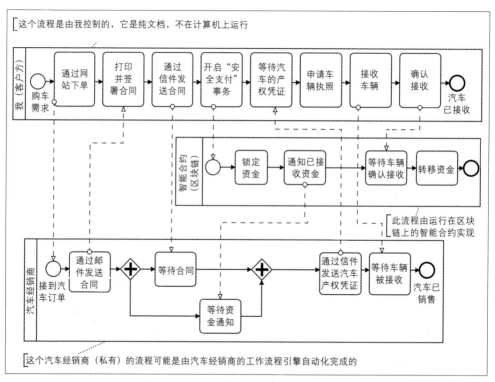

图 5-5：区块链中的智能合约可以被视为合作伙伴之间公共流程服务的工作流引擎

协作模型这一概念将在 10.3 节中引入。简而言之，它们能让我们模拟不同参与者的流程，并表达与他们如何协作。在本例中，买家（我）、汽车经销商和智能合约都有自己的流程。

因为通过智能合约你可以摆脱中间人、减少书面工作以及增加信任，所以我相信区块链有可能彻底改变许多业务流程。但很难预测何时会发生更大的变革，因为这一路上有很多障碍，最大的障碍是，它需要从根本上改变交易的方式，任何一方都不能单独开启这样的变革。

此外，请注意，即使区块链遍布全球，你仍然还是要使用工作流引擎来自动化各方的私有流程。

5.4 结论

本章阐述了工作流引擎自动化流程的替代方案。你应该已经清楚地了解了它们的缺点以及工作流引擎带来的价值。

本章还介绍了其他一些流程建模语言，展示了图形化语言的优势，并强调了 BPMN 的重要性。

第二部分
企业级流程自动化

流程自动化只是整个企业架构难题中的一部分，企业所需要的支持更加复杂，平衡性要求更高。如果你的组织非常成功，就会有规模化的需求。为了更快地开发出更多功能，企业需要增加开发团队。为了能顺利地扩张团队，就需要将服务拆分并分配给各个团队。这就是目前微服务的发展状况，也是在撰写本书时最流行的方法。

但所有的这些用户都不关心，用户只关心端到端的业务流程（比如，尽快发货的订单）。

你的工作就是将公司生存所需的服务模块化，同时还要保证整个端到端的业务流程平稳运行并且易于理解。要做到这些，需要将流程部署在正确的模块边界内，并且尽可能地将模块进行解耦。

听起来很容易？本书第二部分为你提供了一些能在这项任务中生存下来的重要指南：

第 6 章讨论典型的架构和权衡，这能帮助你勾勒出自己的架构。

第 7 章讨论模块化、内聚和耦合。目标是让你掌握这些基础知识，以了解如何定义服务的边界，以及这对流程自动化有什么影响。

第 8 章将编排和编制（重新）定义为命令驱动通信和事件驱动通信。这样我们就能讨论如何平衡好命令与事件。

由于常见的架构往往是分布式系统，因此你不可避免地要迎接来自远程通信的挑战。第 9 章介绍了工作流引擎如何通过启用长期运行的能力来帮你解决这些问题。

第 10 章讨论了图形化流程模型对企业 IT 项目在协作方面的价值。你将了解可能对这些模型感兴趣的各种角色，以及如何能让他们都参与项目。

第 10 章中的学习为研究实现流程可见性打下坚实的基础，我们会在第 11 章中完成这项工作。

第6章

解决方案架构

读到这里，你应该已经充分了解了如何设计和执行流程模型，以及工作流引擎可以解决哪些问题。是时候考虑它在你架构中的位置了。

本章将讨论以下内容：

- 为何时使用工作流引擎提供一些指导。

- 涵盖定义架构时要考虑的重要问题。

- 帮你开始自己项目的评估工作。

6.1 何时使用工作流引擎

现在是时候回到我在第 2 章中跳过的那个问题了：什么时候开始使用工作流引擎最合适？

我的想法如图 6-1 所示。

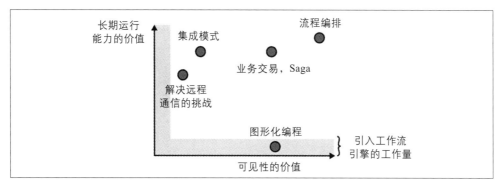

图 6-1：工作流引擎带来的价值可能因不同的使用方式而异，但只要回报超过投入，引入它就是值得的

工作流引擎有两个主要的优势：它为你的应用程序或服务增加了长期运行的能力，并且使你的流程逻辑可视化。根据你使用工作流引擎的目的，这些功能对你有不同的价值。

举个例子，如果你要调整端到端的业务流程（也许是作为你推动微服务化的一部分），长期运行的能力和可见性肯定都能让你受益。如果你需要在分布式系统中实现业务交易，如 9.2 节所述，这些能力尽管可能略低，但也有其价值。如第 9 章所述。当你只是简单使用长期运行的能力去解决非常技术性的挑战时，可见性的价值会相对较小，但使用它仍然有其合理性。

一旦价值（回报）超过引入工作流引擎的努力（投入），工作流引擎就会对你的架构产生积极影响。确切的阈值很大程度上取决于所选工具引入的难易。我推测，随着工具变得越来越轻量级或者直接作为托管服务提供，引入的难度将在未来几年进一步下降。这会让工作流引擎适用的问题范围拓展得更广。

也有一些使用方法没什么意义。例如，使用 BPMN 进行图形化编程，也就是说，你只是简单地用图形模型表达代码逻辑，而不是控制状态或者与其他角色进行协作。

 投入回报比（ROI）取决于回报与投入两方面。如果投入降低，那么你使用工作流引擎解决问题的范围会更大。

6.2 架构权衡

解决方案架构的决策涉及许多取舍，什么样的架构最好取决于你的目标、架构和技术栈以及所选的工具。没有正确或错误的架构，只是有些架构可能比其他架构更适合你的情况。

本节将让你大致了解哪些问题需要澄清，以及你的决定可能产生什么样的影响。

6.2.1 运行工作流引擎

第一个也是最重要的问题是：你如何运行工作流引擎本身？它是托管服务吗？它是一个可以与你的微服务并排运行的 Docker 容器吗？或者工作流引擎是一个嵌入式库，将会成为应用程序的一部分吗？

其他一些你应该考虑的问题是：

- 它在你的环境中易于配置吗？

- 运行它需要哪些资源，如数据库或应用程序服务器？

确保你选择的引擎适合你的现状。如果你正在构建无服务器应用程序，你当然会去找托管服务。如果你正在构建云原生应用程序，Kubernetes 的支持可能至关重要。如果你主要运行人工任务相关的工作流，也许独立的工作流服务器是最简单的选项。如果你正在构建单体架构，嵌入式库可能会工作得很不错。

你还需要了解工具的灵活性程度。一些云服务仅适用于某些公有云厂商，你不知道它们在后台如何工作。其他一些工具则有不同的分发方式，例如，开源代码自编译、独立的发行版和 Docker 镜像，同时也有云托管服务可以使用。一定程度的灵活性可能是一个优势，因为你的需求会随着时间的推移而发生变化。

在整个决策过程中，你还必须考虑团队的经验。如果团队从未接触过 Kubernetes 或 Docker，请不要仅仅为了利用流程自动化而强行引入它们。

6.2.2 分散式引擎

最常出现的主要讨论之一是应该部署多少个工作流引擎。公司是否应将工作流引擎作为集中化平台来运行？或者每个需要工作流引擎的团队都以分散的方式运行自己的引擎？答案还是：看情况。

如果你接受微服务，你会希望给予团队很大的自主权。一个团队应该能够独立于其他团队行事，并根据需要进行变更。此外，每个团队应该互相隔离确保某个疯狂的微服务不会影响其他正常运行的功能。在这种设置中，分散式引擎是默认的选择——为每个需要工作流引擎的微服务提供一个引擎。这确保了每个团队在遇到想更新或重新配置工作流引擎时都可以一直保持独立，甚至可以自己决定要使用哪种工具。这样的设置还加强了设计好的边界，因为除了当前的微服务，任何人都无法访问工作流引擎。

最明显的优势是自主性和隔离性，但代价是每个团队都必须评估和运维自己的引擎。其复杂性在很大程度上取决于技术栈。例如，你已经在使用公有云，那使用托管服务就很容易，或者你已经完全在使用容器，那 Kubernetes operator 可以让工作流引擎运转得更容易。

剩下的挑战就是如何在分散式引擎上获得集中化的可见性。第 11 章将深入探讨这个非常有趣的话题。分散式引擎的部署方式如图 6-2 所示。

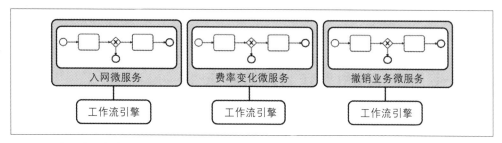

图 6-2：分散式工作流引擎提供了隔离的效果

6.2.3 共享引擎

如果你想简化运维工作，可以为整个公司部署一个集中式的引擎服务，或者至少为每个部门部署一个引擎，如图 6-3 所示。

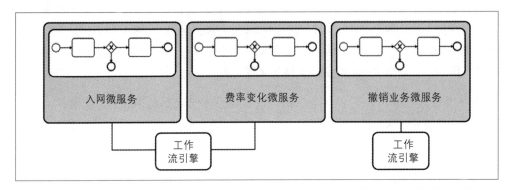

图 6-3：微服务也可以共享引擎。它们依旧拥有各自的流程模型，并且你可能依然在维护多个引擎

工作流引擎是一个远程资源，应用程序可以连接它来部署、执行流程。虽然这通常设置起来很简单，但它的缺点是你会失去服务的隔离性，不仅仅是运行时数据方面，还有在产品版本方面的隔离性。集中式工作流工具还需要具备可伸缩性和弹性，以避免遭遇性能瓶颈或单点故障。

6.2.4 流程模型的所有权

这里要记住一个非常重要的概念：所有权不同于部署的物理位置。你可以将不同团队的流程模型部署到中心引擎。如果这些模型仍然由各个团队拥有并管理，那没什么问题。但如果所有模型都需要由一个中心团队管理，那这就是问题了。这类似于集中运维的私有云平台，其中每个团队仍然拥有、配置和提供自己的资源。

事实上，如果部署过程正确集成到你的 CI/CD pipeline 中，团队成员甚至可能不会注意到其流程的实际部署位置。这与关系型数据库类似。许多公司仍然在不同应用程序之间共享数据库实例，虽然每个应用都有自己的库（schema），并自己管理表结构。这相对有效，但仍然会遇到一个服务故障导致所有服务的性能降低的情况。

6.2.5 使用工作流引擎作为通信通道

在微服务环境中，有一个与众不同的方式，就是让不同的微服务直接 pub/sub 到中心工作流引擎，如图 6-4 所示。根据我的经验，人们对这种设计的观点两极分化。我一会儿会讨论为什么，先让我们了解一下这种使用方式。

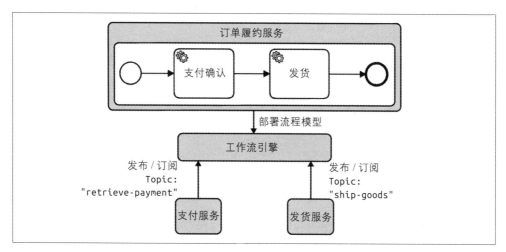

图 6-4：不同的微服务可以发布和订阅中心工作流引擎

如图 6-4 所示，你不需要胶水代码即可从订单履约服务内部调用支付服务。实际上，订单履约服务和支付服务之间甚至没有任何其他通信渠道，如消息传递或 REST 调用。

作为替代，支付服务直接订阅类型名为 retrieve-payment 的服务任务，发货服务订阅类型名为 ship-goods 的任务。由于任务的类型名即是连接信息，因此 pub/sub 机制确实解耦了两个服务。支付服务不需要对订单履约服务有任何了解，它只知道它要执行所有名为 retrieve-payment 的任务。

现在，工作流引擎变成了一个共享系统，就像其他架构中的消息系统一样。有些务实的公司喜欢这种方法的简单性，因为这些公司不必引入额外的消息系统，又能从 pub/sub 暂时的解耦中受益。还有一些公司不想看到工作流引擎处于如此核心的位置。如果这些公司想利用 pub/sub 的能力，则会运行额外的消息总线或事件总线。

第 7 章会更深入探讨这个问题相关的推理过程。目前，你可以简单地记下，两者都是可行的，都是有取舍的。

6.2.6 私有工作流平台

目前的行业趋势是，公司尽可能多地为开发团队留出自由空间，例如，开发团队可以选择自己喜欢的工具。与此同时，大多数公司还希望围绕流程自动化提供总体指导，以共享知识节省精力。在第 12 章，你将了解更多相关信息，可能涉及提供一张精选的厂商列表以便可以管理使用工具的数量，在公司的 wiki 上分享最佳实践或成功案例，甚至建立一个专家中心（COE），为处理流程自动化相关问题的团队提供支持。

然而，一些公司更进一步，开始在特定厂商的工作流引擎之上预建自己的软件组件和平台。最简单的理由是：这能创建一个 facade，从而减少对厂商的依赖。在这种情况下，开发人员可以针对定制的 facade 进行开发，工作流引擎 API 在平台之下。还存在另一个极端，为了避免厂商锁定并提供一些预先开发的额外功能，公司可能会将整个 SOA 或集成技术栈与来自不同厂商的几个组件组合在一起。

我见过的所有此类举措都遇到了阻碍。建立定制平台是一回事，但让该平台与新版本引擎保持同步、修复内部报告的所有错误，或通过自定义构建的 facade 提供工作流引擎的所有功能，则是另一回事。平台的用户仍然会拐进死胡同，因为其功能通常与底层工作流引擎的功能不匹配。此外，你无法像搜索知名商业产品或开源项目一样，通过谷歌搜索在自己的定制平台上遇到的问题。

总体而言，这真的不值得付出努力——特别是为了避免对厂商的依赖。在 12.2.5 节将探讨一种更有意义的方法来实现可复用性。我强烈建议你忽略构建定制平台的任务。我看到过它的失败，即便团队非常聪明和努力。除非你是一家流程自动化公司，否则不要构建流程自动化平台。

6.2.7 性能和可伸缩性

在寻找工作流引擎时，需要考虑性能和可伸缩性。看工作流引擎是否满足你的需求？要判断这一点，要看工作负载的特点，并澄清以下几个问题：

- 你需要多大的吞吐量？例如，每秒或每天启动多少个流程实例？

- 单个任务或整个流程可以接受的周期时间有多长？例如，能允许一个包含 10 项任务的完全自动化流程执行多少毫秒？如果你需要提供同步的 facade，这也可能会影响延迟。

- 你的负载稳定程度怎么样？一些公司在每个月固定时间段会启动这个月 90% 的流程实例。因此，虽然你应当看平均负载，但了解预期的峰值也很重要。处理这些峰值的能力是更关键的需求。

因此，为了确定工作负载的特征，重要的是要查看启动了多少个流程实例，需要执行多少服务任务，需要将多少事件路由到工作流引擎，等等。通常检查这些"动作"比查看正在某个地方等待的流程实例总数更为重要。等待通常会归结为数据库中的记录，很少达到限制。

建议在目标架构中使用具有代表性的工作负载进行负载测试。这种负载测试通常很容易进行，特别是如果你可以使用现代的云计算环境。这将帮助你了解工作流引擎是否可以满足你的需求。最为重要的是，不要等到生产环境准备就绪再测试，我经常看到客户这么做。

许多开发者仍然认为工作流自动化工具主要针对人工任务等低吞吐量场景而设计。确实，人类不会以毫秒级的速度处理任务。但一些流程自动化工具也可以应用于高性能的场景，例如在金融行业，必须在超短的时间内做大规模支付或交易处理。

我看到过确实受益于流程自动化的大数据用例——特别是在可见性和故障处理的部分，团队最初从未想过工作流引擎每秒可以处理数十万个事件。

6.2.8 开发者体验和持续交付

为了判断某个工具是否适合你的开发方法，你需要看看如何实施流程解决方案。流程解决方案不仅包括流程模型，还包括数据转换或服务调用所需的所有胶水代码，如 3.2 节所述。此外，工作流引擎 API 和客户端库的可用性将决定你的开发人员是否可以在其首选的环境和编程语言中工作，以及是否可以使用他们正在使用的框架。

这将直接影响：

如何开发用户界面

    某些工具能让你使用惯用的 UI 技术栈。另一些工具的厂商则希望你使用他们选出的或创造的技术栈，这可能会提供一些便利。

如何部署流程定义

    部署方式可以很容易地对接到你的 CI/CD pipeline 吗？虽然听起来很浅显，但有些工具需要手动部署流程模型，这肯定不是你想要的。

如何测试流程

    正如你在 3.3 节看到的，一些工具可以进行本地单元测试。其他工具则迫使你以不同的方式测试流程模型，有些工具甚至根本无法进行自动化测试。

如何存储及版本化流程模型

    一些工具能让你将流程模型转存为文件，然后存储在正常的 Git 仓库中。其他一些工具则需要你为模型建立一个单独的仓库，然后使用版本控制系统中的标签进行同步来获得代码。

选择流程自动化工具将对开发者体验产生重大影响。关注这些因素非常重要，因为它们不仅会影响实施流程所需要付出的工作量，还会破坏软件开发方法的整体性，挫伤开发人员的积极性。

6.3 评估工作流引擎

现在你了解了得失利弊，让我们将注意力转向工作流引擎的选择。很遗憾，我无法在这里给你一份入围工具的列表时，原因有三个：不公平，因为我可能会错过一些工具；当我写下这个列表时，它就过时了；可能太长了，没什么用处。在本书的网站上，你能找到一个精选的工具列表，可以以此作为一个起点。

遗憾的是，工作流引擎的类别边界模糊不清。可选的工具之间存在着巨大差异。一些真正的工作流引擎被称为"编排工具"，而其他一些被称为工作流引擎的工具实际上执行的是其他操作。让我们先说明一下不同的类别。

最重要的是工具要符合本书中使用的定义，即它们可以处理持久状态以实现长期运行的流程。我把它们分类为：

- 开发者友好的工作流引擎或工作流自动化平台（例如 Camunda），本书对这类工具进行了非常详细的讨论。

- 托管的编排工具或工作流引擎，例如 AWS Step Functions 或 Camunda Cloud。

- 提供开源代码的自研编排工具和工作流引擎（例如 Netflix Conductor）。这些开源项目接近轻量级工作流引擎，但它们通常很难修改，并且没有任何保障。

- BPM 套件（例如 Pega），如 1.9.1 节所述。

- RPA 工具（例如 UiPath），如 4.4 节所述。

- 低代码平台（例如 Zapier），其目标用户希望在不需要任何软件开发的情况下在类似 Office 的工作流内自动化任务。

此外，有些工具不提供开箱即用的状态处理功能，因此不符合工作流引擎的条件。尽管如此，在评估工作流工具时，它们也经常被考虑在内。这些包括：

- 数据流水线工具（例如 Apache Airflow）能以图形化方式建模数据流水线，但它们缺少一些重要的功能，如 5.1.3 节所述。这些工具中没有包含持久化实现。流程实例的状态就是流经流水线的数据项。

- 集成工具（例如 Apache Camel）能很好地解决集成问题。集成逻辑也可以连接在一起，实现业务流程，其缺点在 5.1.3 节中有说明。

最后，有一些类别的工具属于流程自动化领域，但更侧重于可见性方向。例如：

- 分布式追踪工具（例如 Jaeger）能可视化请求如何在技术层面流过系统。这能帮你理解涌现行为，这些内容将在 8.1.1 节进行介绍。

- 流程挖掘工具（例如 Celoni）可以帮你了解遗留系统是如何实现的。

你需要清楚地了解工具所属的类别。本书网站提供了更多相关的指导。

本书重点介绍工作流引擎，也就是第一类。在选择此类工具时，我特别建议你检查以下几项：

- 厂商的愿景和路线图。愿景告诉你这个工具的目标，指引着方向，推动着未来的行动。

- 平台的可扩展性。留有扩展点能让你保持最佳状态，即便你需要的东西超出了厂商的想法。在项目后期陷入死胡同通常都是非常痛苦的经历，那可能会扼杀整个项目。

愿景和可扩展性这两方面实际上比特定的功能更重要。具体功能点总是会发生变化，但你可能会与某个厂商合作很久。然而，这种想法与我过去在无数次的投标、无数次的需求建议书（RFP）中观察到的完全相反。

谨慎使用 RFP

通常，需求建议书是一份超长的电子表格，厂商如果支持某项功能，就在前面打勾。通过这个电子表格，客户会得到工具的分数，然后选择得分最高的那个。虽然这种方法听起来客观公平，但事实上并非如此。

最大的问题是，厂商经常为这种采购过程进行优化。许多功能只是为了勾选框而开发的，现实生活中并不会被使用。这意味着你很快就会在项目中遇到一些根本没体现在表格里的限制。更糟糕的是，那些功能使整个产品更加复杂和更难维护，长远来看，这会导致功能的可用性进一步降低。不过，我并不想责怪厂商，他们经常因为潜在的客户而被迫这么做。

并且，在许多 RFP 中，决定都是预先做好的。表格经过调整，以选出预先选好的工具。这实际上比说起来更积极一些，当公司需要一个形式化的表格来评估时，这通常是基于他们的愿景选出工具的好方法。

我个人曾有一次高光时刻，是客户打电话给我，讨论我对一份 RFP 的回复。我们一起浏览了整个表格。在许多选项上他们告诉了我竞争对手的答案，并说："看这一项，他们在这里回答有。但我知道他们这个开箱即用的功能对我们来说没什么用。你的回答是没有，因为你确实没这个功能。但你有一个易用的扩展点，能让我们编写自己的功能。这对我们来说更有价值。所以你同意我们把这一项上的答案改成有吗？"

但当然了，你还需要进行具体评估才能构建一个自己的备选工具集。下面的问题列表可用于检查那些最重要的点。请记住，所有的努力旨在找到符合你需求的引擎，因此对你来说不需要对所有问题都选"是"，而只需对你重要的问题选"是"。你的评估标准应包括：

集成的可能性

如何关联流程模型与代码？能使用自己选择的编程语言吗？能获得所需的预建连接器吗？需要使用专有连接器还是能编写所需的所有代码？能与你需要的所有技术集

成吗？平台可以扩展吗？

部署选项和支持的环境

引擎本身如何运行？它能在公有云上作为托管服务使用吗？它是 Docker 容器吗？你能在 Kubernetes 上运行它吗？它是一个像 Spring Boot Starter 这样的库吗？它是否需要一些特定的环境，例如应用程序服务器？运行它需要其他资源吗，比如数据库？

工具

它是否拥有你需要的所有工具（如 2.5 节所述）？平台是轻量级的吗？这些工具在使用核心工作流引擎时，是不是可选项？

流程建模语言

使用哪种建模语言（如 5.2 节所述）？支持 BPMN 吗？这个工具是否涵盖了你需要的 BPMN 元素（因为一些工具有不少缺失）？

可伸缩性和弹性

引擎能否为你的使用场景提供所需的性能和可伸缩性？将引擎设置为高可用模式运行有多复杂？

许可证和支持

该工具有技术支持吗？你能访问源代码吗（以防万一）？该工具未来的开发有哪些保证（例如，厂商依赖于现金流，因此关心这个工具及其用户）？你是否能获得所需的所有法律保障（例如，合同、SLA、特定的开源许可证）？

我的建议是根据对这些方面的评估创建一个工具的精选列表。然后尽快开始概念验证（POC），如 12.2.2 节所述。现代工具能让你在几小时内自动化第一个流程。这让你可以和多个厂商进行 POC。如果有必要，你可以与你信任的咨询公司合作，这种公司在面对不同厂商方面有一定的经验，可以帮助你入门。这类 POC 的实际操作经验将极大地帮助你建立方向。

6.4 结论

设计解决方案架构和选择技术栈需要仔细考虑许多因素。这不是一项容易的任务，但另一方面，它也不是极其复杂的航天科学。

本章为你提供了关于架构问题的基本理解。这应该足够你启程了，可以沿此路径学习下去。每个架构都略有不同，每段旅程也是如此。不可能事先设计一个完美的解决方案，如果你试图这样做，那么将在旅程伊始就陷入巨大风险，面临无尽的争论和评估。

第 7 章

自治、边界和隔离

现代系统由许多较小的组件构成，微服务就是这样。微服务架构重视服务的自治性和隔离性。每个服务都是专注的，它们遵循 UNIX 的哲学："只做一件事，并把它做好。"这引出了一个重要问题：如何设置服务边界。功能应该放在哪个服务中，以及需要设计多少个服务？如何在这些服务之间实现解耦？

这些问题，更确切地说是它们的答案，会影响流程自动化，这也是为什么涵盖这些主题会如此重要。本章将讨论以下内容：

- 介绍领域驱动设计及其与耦合相关的重要基础思想。

- 阐述业务流程如何帮你设计边界。

- 研究边界如何影响你的流程。

- 讨论如何分散运行工作流引擎以维护边界。

7.1 高内聚低耦合

让我们从一些与内聚和耦合（它们是互斥的，需要小心平衡）相关的基础知识开始。你应该以康斯坦丁定律（*https://en.wikipedia.org/wiki/Larry_Constantine*）为目标："如果内聚度高，耦合度低，那么结构就是稳定的。"

内聚与代码的组织方式以及每个组件中的代码关联程度有关。正如 Sam Newman 在他的 *Monolith to Microservices*（O'Reilly）一书中所说，"需要一起修改的代码，就要放在一起。"其理念就是，业务功能预期中的一个变更（理想情况下）仅应该更改一个组件。

耦合通常意味着组件需要同步变更。它有不同的形式。不同的来源其分类方式和名称也会略有不同，本书我们将采用 Sam Newman 定义的 4 种类型：

实现耦合

如果有别的组件使用了你组件内部的实现知识，你将遇到实现耦合。一个非常常见的例子是，若另一个组件会查询你的数据库表，那么之后你就很难修改这个表结构。

时间耦合

在分布式系统中的同步通信中，你依赖于对端服务的可用性。这就是时间耦合。使用消息系统通常能缓解这种状况，因为消息接收者不必在你发送消息的时候处于可用状态。

部署耦合

为了运行软件，你必须构建一个部署单元，其中可能会包含其他的库、资源或流程模型。即使大多数制品保持不变，部署单元也必须整体重新部署。部署耦合的另一个例子是发布列车（release train），就是你强制在更大的任务中一次部署多个项目。这种做法也有例子，比如你的公司每年只发布两次大版本。

领域耦合

在为最终用户创建有意义的业务功能时，组件之间的一些耦合是不可避免的。例如，即便你的发货服务不关心支付详情，你依然必须确保只有支付成功的订单才会发货。

你可能能避免实现耦合、时间耦合或者部署耦合，通常也建议你这样做，但除非你更改业务需求，否则无法消除领域耦合。不过，你可以仔细考虑组件边界的设计，以减少潜在的问题。领域驱动设计可以帮助你定义这些边界，所以让我们进一步了解一下。

7.2 领域驱动设计、限界上下文和服务

让我们看看领域驱动设计及限界上下文相关的概念。基本概念是，你需要对任何模型界定清晰的边界，使其集中和统一。这使模型更有可能正确且有效。

这种方法在许多公司遵循单体架构进行软件开发和部署时变得流行起来，那时应用程序的不同部分是由数据库集成起来的。在这些系统中，互相依赖的状况往往发展到无法维护的地步——系统某一部分微小的变化可能会导致系统其他部分出现不可预测的副作用。当系统变得庞大，变更的风险极高，部署成本也很昂贵，导致公司根本无法调整它们的 IT 系统。这就是 DDD 解决的痛点，限界上下文是这一背景下的核心思想之一。

让我们看一个和订单履约有关的例子。如图 7-1 所示，电商公司大概有 5 个核心的限界上下文：结算、支付、库存、发货和订单履约。

DDD 提倡不同角色，尤其是领域专家和软件开发者要统一语言。但在 DDD 中，和语

言、术语以及概念相关的约定仅在同一个限界上下文中有效，这与许多企业的架构方法相矛盾，企业的方法试图为整个公司定义通用语言，或者至少是能包含多个业务单元的语言。DDD 着重确保术语在单个限界上下文中是统一的，即使它们在不同上下文中可能表示不同的事物。

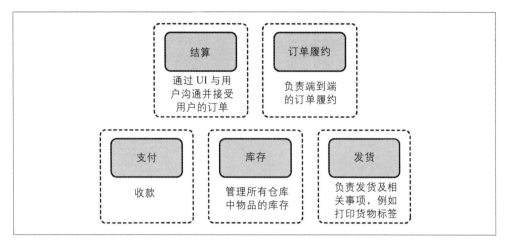

图 7-1：电商公司最终可能会遇到核心上下文

例如，"订单"是一个在不同上下文中都存在的概念，但其含义可能不同。在结算上下文中，订单与消费者加入商品的购物车有关。这里的订单可以轻易修改。在订单履约上下文中，订单是收款及发送货物的明确指令，是不可变的。在库存上下文中，订单是截然不同的：它涉及从供应商那里重新订购货物以补充库存。

另一个例子是消费者。大多数上下文都与这个概念相关，但它们着重于不同的方面：在订单履约中只需要知道消费者的身份，在发货时只需要地址，在支付时只需要知道支付的详细信息。因此，不同的上下文可能对消费者和订单有不同的定义，即使它们使用了相同的术语。

当然，设计可以有所不同。如果电商公司使用成熟的在线商店系统，它已经可以处理支付、库存和包装打标签，对于这个商店你可能只有一个上下文，但没有独立的支付或库存。不过在这种情况下，你依然有一个限界上下文，在其中术语不允许重复使用。

DDD 可以帮助你定义服务边界。一个上下文由一个或多个服务实现。不必是一对一的映射，但没有任何服务可以跨越多个上下文。

7.3 边界和业务流程

上面所有的讨论都很有意思，但我为什么要在流程自动化的书中写这些？好问题！上下文和边界极大地影响了你的业务流程设计，反过来说也是一样，原因如下，后面几节会更详细地讨论这些原因：

- 许多端到端的业务流程在其生命周期内会触及多个上下文。典型的订单履约场景会涉及支付确认和货物运输。你还是需要避免设计一个无所不包的流程模型，避免模型需要不同上下文的内部知识才能运行。相反，流程模型必须完全在一个上下文中。流程模型是领域逻辑，因此应该包含在实现相应上下文的服务中。由于许多角色都可以看到流程模型，因此它对于上下文中统一语言非常重要。

- 建模和讨论业务流程，特别是在端到端层级上，可以帮助你发现边界的踪迹，理解其衍生的职责，从而最终确定边界。

- 在上下文中使用工作流引擎，能让你看到许多问题其实具有长期运行的特性。这将有助于你维护边界。

7.3.1 维护边界，避免单体架构流程

在我与人合著的 *Real-Life BPMN*（CreateSpace 独立出版平台）一书中，我们使用了如图 7-2 所示的订单履约示例。每当你要处理订单时，要先检查商品是否有库存。如果库存不足，就会触发这个商品的采购流程。这是利用 BPMN 调用活动完成的，这个活动基本上就是把另一个流程作为子流程调用并等待其完成。采购流程可能会输出一个延迟或不可用的事件给订单履约流程，然后订单履约流程会接收这些事件并进行响应，例如，从商品目录中删除不可用的商品。

这个例子在 *Real-Life BPMN* 一书中很好地解释了各种 BPMN 符号及其语义。然而，这个流程设计在边界方面存在一些问题。

让我详细说明一下。这个流程设计仅在一种场景中能运行良好，而且几乎不可能是你要面对的场景：这种场景中，消费者的订单大部分都是定制的商品，你不得不确认每一笔订单是否可以购买。这时，你才能选择将订单履约和货物采购放在同一个上下文中，甚至可以放在同一个服务中。

但事实上，你构建的订单履约服务更有可能是寄希望于商品有库存。如果库存不足，订单履约流程大概会需要停留等待，但绝对不会负责采购或管理商品目录。更好的方法是，库存服务负责监控库存并预测需求，以便在需要时采购商品，甚至可能独立于具体的消费者订单。

这么看，像图 7-2 中那样的流程模型就是单体流程无疑了。图 7-3 将订单履约这样一个单体巨石可视化了。这种流程模型突破了相关服务的边界，也就侵犯了对应服务的所有权。它展示了很多不同上下文的细节，而这些细节绝对不应该在一个模型中相互关联。

例如，它包含支付服务内部的许多细节。

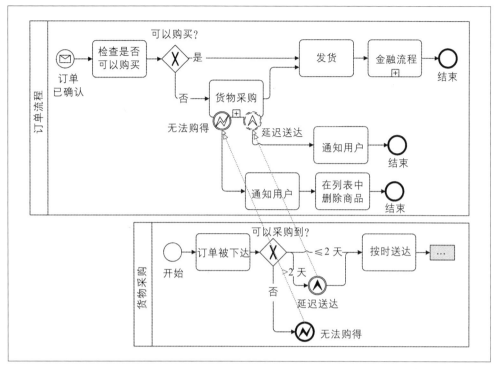

图 7-2：混合不同职责的流程模型（来自现实生活中的 BPMN）

在你的组织中，你找不到一个人能对这个模型全权负责。相反，你需要和多个团队开会讨论变更或同步开展计划。除此之外，你还面临一个情况，这些服务有任何一个发生流程有关的变更时，你都必须更新这个流程模型。正如你之前看到的，如果你将不同的上下文混合到一个模型中，就可能在统一语言上遇到问题，因为同一术语在上下文中可能意味着不同的事物。

显然你想要避免这样的流程。为了替代它，你需要将端到端的流程拆分为更小的组件，融入不同的服务中。图 7-4 显示了订单履约、支付和库存的例子。在这个例子中，每个流程模型都由负责相应服务的团队所拥有，明确且完整。

值得指出的是，将流程拆分不仅仅像在 BPMN 中处理子流程那样要向流程模型中添加一些结构。还需要你将职责分配给不同的服务，从而达到能够规模化开发的隔离程度。例如，你的订单履约流程不需要关心有关支付的任何细节，它可以只依赖支付服务提供的最终结果（支付成功或支付失败）。

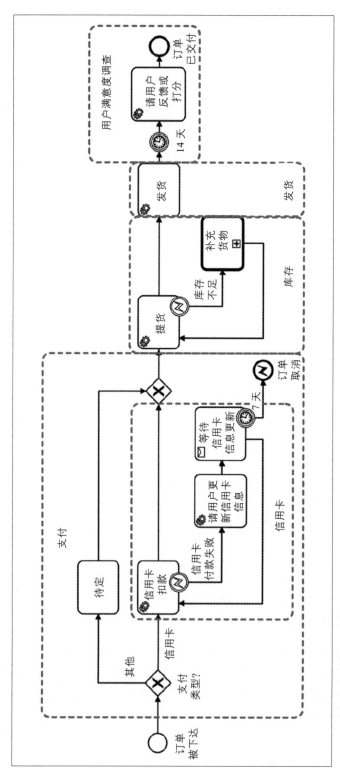

图 7-3：避免像这样的巨石流程

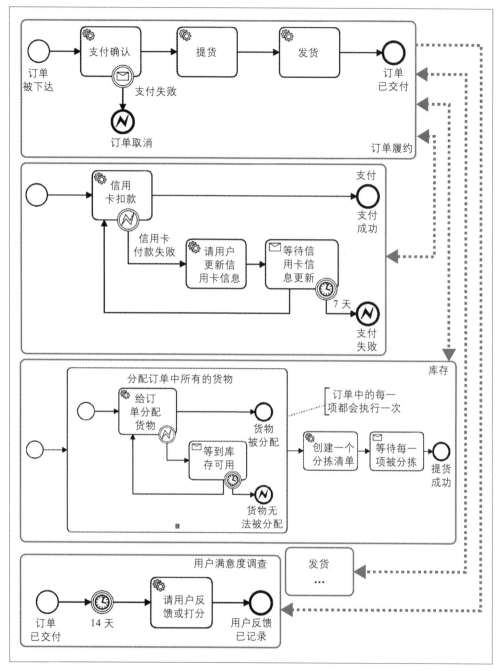

图 7-4：不同的服务相互协作，每个服务都明确地专注于自己本地流程所承担的职责

如何划分事物，其本质是如果出现问题应该归咎于谁。虽然这有点夸张，我也真心希望你没有身处指责文化中，但划分服务表达了责任和问责的本质。在前面的例子中，订单

履约业务的所有者要完全依赖其他服务的能力和性能。他们没有必要过多地考虑支付服务的工作原理，但可能想要监控 SLA，因为支付服务性能降低或出现问题时他们负责的整体订单时间可能会受影响。

职责划分的方式应该与你组织划分的方式保持一致，没有通解。以支付为例：我知道在某些公司中这是一个服务，而另一些公司中它被划分为多个服务。可能仍然有一个服务在总体上负责支付，但它会依赖其他服务去处理信用卡、代金券以及其他类型支付。其中任何一个服务可能都有自己的流程模型。

是否要有多个流程模型，这个问题一般来说和你在用的工作流引擎类型是集中式的还是分散式的有关（我们在 6.2.2 节中讨论了有关的架构决策）。然而，我想强调的是，这两项决定不需要联系在一起。你可以将流程模型设计成：在不同团队各自拥有模型的同时，还部署在集中式的引擎上，就像许多公司在集中式的数据库中部署多个库一样。虽然这和分散式引擎带来的隔离程度不同，但仍然是可行的、可管理的。

在设计流程模型时，必须尊重服务的边界：不要仅仅因为你的组织尚未准备好使用分散式工作流引擎就破坏服务边界！

7.3.2 加强对职责的理解

你必须思考组织中每个服务的业务职责。其中最重要的问题是：

- 这个服务负责的业务产出是什么？

- 它需要保证哪些 SLA ？

思考端到端业务流程对于理解边界和职责有很大的帮助。你需要厘清，为了完成整个流程，不同的服务要做什么、要如何通信。这有助于深入理解业务功能的具体实现。

在 BPMN 中，你可以建模协作图来将逻辑可视化。这些图表在 10.3 节中会有进一步的讨论；它们能让你将参与者的协作方式可视化。

图 7-5 展示了订单履约的例子。你可以看到当用户按下 Dash 按钮时，按钮通过 HTTP 与结算服务通信。结算服务会进行一些验证，之后会通过 AMQP 将消息发送给订单履约服务，并启动流程实例。当订单履约流程结束后，就会触发一个事件，通知服务读取事件，然后向客户发送电子邮件。

那些协作图表展示了不同参与者的协作方式，是思考某些设计及其意义的可靠工具。它们可用于验证你关于职责和 API 的想法是否成立，尤其是在故障场景中。

请注意，这些图表主要在设计阶段有用。之后就应该删掉它们，因为它们通常并不完整，也不值得持续更新。通常是在和客户沟通时，为当前正在讨论的某些场景创建了这些模型，并不追求完全准确，因为那样会不可避免地使它们过大，就无法可视化了。因此，在图 7-5 中，一些流程缺少细节或者干脆被隐藏起来了。其他流程的内部工作也并不是完全准确的。只要模型达到了其目的，这样做都是可以的。

你的同事可能会以过于复杂为由拒绝使用 BPMN 协作模型。其实在这种情况下，你还是要讨论和发掘与模型中相同的信息。事件风暴、故事风暴以及领域故事等技术可能会帮助你发掘这些信息。本书并不会介绍这些技术，如果你感兴趣，可以在网上搜索了解。重要的是，在某个时候，你必须深入理解业务流程和其中的协作。基于此，你不仅需要发掘技术，还需要使用分析工具来验证你的想法是否真的有效。投入一些时间适当详细地勾勒出协作模型绝对是有益的。

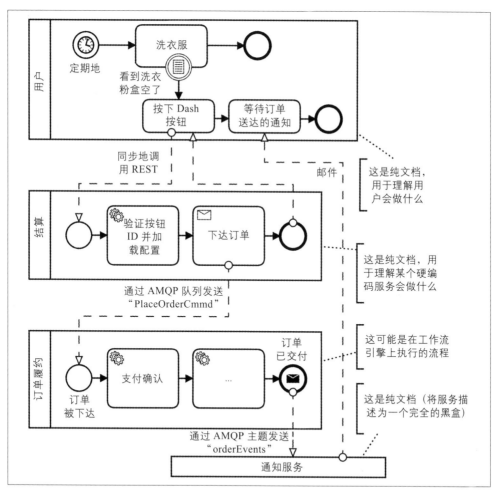

图 7-5：BPMN 可用于对完整协作进行建模，要理解服务是如何往复运行时用它来构建模型常常很有效

这种方式还有一种很好的用途，检查异常在上下文中是否被正确处理，因为你可以直接看到"那边"的问题是否需要"这边"处理。这能帮助你改进边界。

7.3.3 长期运行的行为模式有助于你捍卫边界

使用工作流引擎将帮助你捍卫边界。为了说明这一点，请回顾一下 1.2 节中的例子。支付服务需要和脆弱的信用卡服务通信。最初，服务并没有存储任何状态，也就是说在出现问题时，唯一能做的就是将问题返回给用户，在这个例子中，就是返回给订单履约服务。

由于无法存储持续性的状态，支付服务无法实现向用户发送邮件并在他们输入正确的数据前等待一周这样的流程。因此，支付团队可能会倾向于简单地将问题返回给订单履约服务。这就是我所说的"烫手的山芋"反模式——面对问题你只想着尽快解决。糟糕的是，这导致支付服务的内部概念混到了 API 中，并最终嵌入客户端。

例如，在图 7-6 中，订单履约服务会被告知信用卡不可用——但不应该这样。如果你的支付服务支持长期运行，你就可以提供一个简单的 API，只告知支付通过或失败，如图7-7 所示。使用工作流引擎是一种简单的实现方式，可以在服务中启用这种长期运行的行为模式避免荒野大集成。

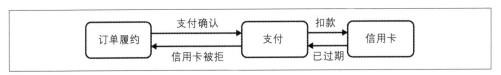

图 7-6：如果服务不能支持长期运行，它就必须将某些问题重新抛回客户端，导致内部概念混入 API 中

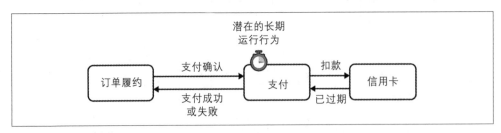

图 7-7：一个支持长期运行的服务实现了它所负责的一切，还提供了更好的 API

如果你的服务中没有长期运行的功能可用，就会很难实现某些需求。这样会导致内部概念混入你的 API 中，同时又会增加服务之间的耦合。工作流引擎有助于减少这种风险。

让我们为上面这个例子增加另一个视角，因为对长期运行功能的需求也可能来自业务需求。有时信用卡过期或锁定，因此无法从中扣除费用。在这种场景中，业务利益相关者会希望通知到客户，并要求提供新的支付信息。在客户无须在线输入支付信息的情况下，这一点尤为重要，例如自动续订就是利用账户中存储的支付信息。这同样要求支付服务能支持长期运行。

7.4 流程间通信如何跨越边界

流程间通信有两个基本选项：

调用活动

　　使用 BPMN 的结构以利用工作流引擎的功能调用其他流程。

API 调用

　　向另一个服务发起普通的 API 调用，调用的服务在内部启动一个流程实例。API 的调用者甚至不知道工作流引擎正在发挥作用。

你选择的方案将会影响不同服务间的耦合程度。

让我们用一个小例子来说明这一点。最近，我与一位客户会面，这个客户在整个公司启用了一个工作流引擎。他的公司有一个过时的文档管理系统（DMS），这个系统的 API 非常脆弱，他想用存储文档或更新文档的流程把这个 API 隐藏起来。

这个客户在那之后又继续创建了 BPMN 流程与 DMS 通信。这是一个好想法，因为通信是异步的，其中包含大量的等待和重试。现在他想让整个公司都能使用这个流程。

让我们看下两种选项在这个例子上的表现。

7.4.1 调用活动：仅在边界内提供简洁的调用方式

BPMN 支持调用活动，可以直接调用其他流程。调用流程（父流程）会一直等到被调用流程（子流程）完成。子流程可以发出预定义的事件（如错误或升级）来和父流程通信。大多数工作流平台在其运维工具中都加入了调用层次结构的支持，例如，可以展示出流程的层级结构并优雅地处理某一层中流程的取消。而且，工具还会取消流程的所有子流程，决定父流程要如何处理这些事件。

图 7-8 展示了一个文档流程的例子。在例子中，工作流引擎会处理好所有的任务。还可以定义输入和输出，这样文档存储流程的调用活动就像是 API 调用一样。

这类解决方案的优点是开发和运维比较简单。调用流程就像指定要调用的流程定义的名称一样简单。

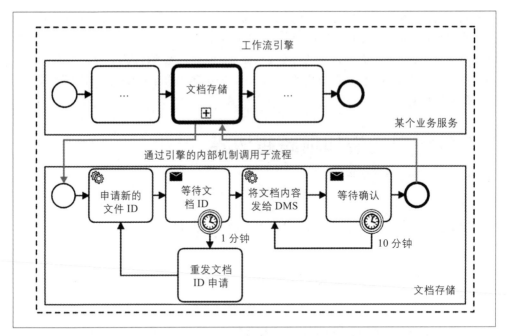

图 7-8：调用活动可以调用部署在同一工作流引擎上的流程

如同生活中的所有事情一样，它是有代价的。这样做，提供 API 的是工作流引擎。也就是说只有当你的业务服务也使用 BPMN 时，你才能使用这个机制。不仅如此，只有当你的业务服务与文档服务在同一个工作流引擎上运行时，你才能使用这个机制。只有当它们运行在同一边界上时，才应该这样做。

简而言之：如果你想隐藏细节，从主业务流程中将文档流程分离出来，这个解决方案非常棒。如果你想在一个服务中复用其他业务流程中的文档存储流程，这也是可以的。但如果你想在不同服务中跨边界复用文档存储流程，那就不太合适了。

7.4.2 使用 API 调用跨越边界

当你跨越服务间的边界时，不应该将通信手段限制在工作流引擎上。这对于跨越边界通信来说选择太少了。你应该改用常见的 API 调用方式，如 REST、SOAP、消息系统或公司的其他通信标准。

图 7-9 展示了相同的例子，不过文档存储流程会部署为独立的服务，业务服务通过 API 与之通信。业务服务甚至不必知道文档存储使用的是工作流引擎。如果你将来想要修改文档存储的实现方式，那么只要 API 保持向后兼容，就可以随意修改。

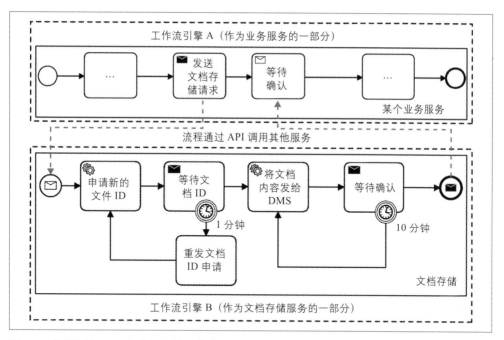

图 7-9：你可以在 API 之后调用另一个流程，你甚至可以不知道另一端在运行工作流引擎

虽然在理论上这绝对是最佳方案，但在拥有那些过时 DMS 的客户场景中，实际上还有一个额外的挑战。我想在这描述一下它，作为说明现实不同于书本的例子。

这个客户使用 SOAP 进行通信。与文档存储服务的一样，异步返回需要 SOAP 回调。虽然这个方案在概念上很简单，但客户出于非常实际的原因拒绝了：每次 SOAP 回调都需要配置防火墙规则，这个流程不太好。由于许多服务都需要文档存储，这样就会产生太多的循环通信链接。因此，他们转而使用了轮询，即业务服务每分钟询问文档存储服务是否处理完成。在他们的用例中，等待一分钟是完全可以接受的，因为延迟不重要。此外，额外轮询产生的负载压力不会产生问题。这样，所有通信方向都朝向文档存储服务。

但现在轮询逻辑本身产生了长期运行的复杂性（询问、等待一分钟、再次询问等）。与文档存储服务通信的每个流程都需要添加这样的轮询逻辑。为了防止污染所有业务流程，他们提取了用来轮询的独立流程：文档存储适配器流程。然后，在业务流程中通过调用活动来调用这个流程，如图 7-10 所示。

为了避免需要将适配器流程复制粘贴到每个项目的代码库中，客户将适配器流程打包为库，并将其嵌入需要与 DMS 通信的每个业务服务中。

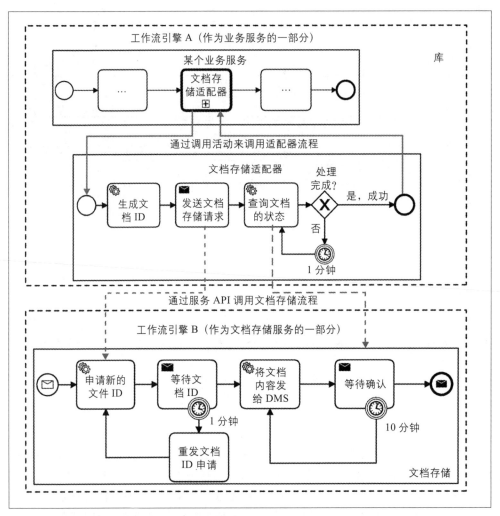

图 7-10：将文档存储的技术实现提取到适配器流程中

从技术上讲，这意味着业务服务要部署自己的文档存储适配器流程，但流程模型来自库，如图 7-11 所示。该库还包含了所有进行远程调用和数据转换所需的胶水代码。事实证明，这个解决方案对客户来说非常成功，但请注意，并非所有工作流引擎在打包和部署方面都具有这种程度的灵活性。

当然，这个解决方案的缺点是，如果发生重大变更，所有使用这个适配器流程的客户端都需要更新库。但在这个例子中，这种级别的部署耦合是可以容忍的，因为库只是实现了一小段轮询逻辑，以克服架构中 SOAP 回调的问题。主 DMS 逻辑仍然保存在文档存储适配器中。但如果可以，你应该会更喜欢独立部署的文档存储服务，因为可以简单地调用它的 API。

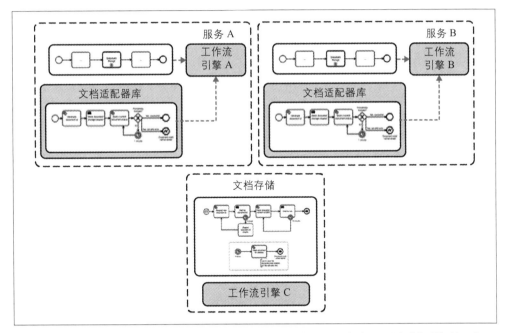

图 7-11：适配器流程单独部署在每个工作流引擎上，但来自同一个库，可以减少重复性工作

7.5 分散式工作流工具

Martin Fowler 在关于微服务的著名文章（*https://martinfowler.com/articles/microservices. html*）中写道：

> 在构建不同流程之间的通信结构时，我们发现有许多产品和方法都尽可能把更智能的方法加入通信机制中。比如企业服务总线（ESB）就是个好例子，ESB 产品通常提供复杂基础设施用于消息路由、编排、传输和处理业务规则。
>
> 微服务社区倾向于另一种方法：强终端弱管道。采用微服务构建的应用程序旨在尽可能地松耦合高内聚，它们拥有自己的领域逻辑。它们的行为更像是经典 UNIX 意义上的过滤器，接收请求，适当地进行逻辑处理，返回响应。它们使用的是简单的 RESTish 协议进行编排，而不是使用 WS-Choreography 或 BPEL 这种复杂的协议。当然也不是使用集中式的工具进行编排。

尽管这篇文章是 2014 年写的，但它现在仍然有意义。当然，正如 1.9.1 节中"被误用的 BPM 套件"所述，这篇文章基本上表达了在使用 SOA 和集中式 BPM 后的一种共识。其影响之一就是，许多人（特别是在微服务社区中）立即将术语流程自动化或编排与集中式工具联系在一起。他们想象在网络中有一只中心蜘蛛（我经常听到这个词），这与微服务隔离和自治的价值观背道而驰。它引入了架构单点，增加了组织的摩擦，因为每个人都必须与"BPM团队"沟通。

至此，你应该已经理解了流程自动化根本不需要集中化。正如你所看到的：

- 业务流程应根据限界上下文和服务边界进行设计（参见7.3节）。这样可以避免产生巨石流程。
- 流程模型也是领域逻辑，应该与其他可能是代码编写的领域逻辑包含在同一边界内。
- 工作流引擎可以以分散的方式运行，这意味着每个服务团队都可以选择并运维自己的工作流引擎（见6.2.2节），甚至决定根本不使用工作流引擎。其中包含最重要的思维转变，将流程自动化一词与大脑中的集中式工具断开联系。

7.6 结论

本章介绍了限界上下文和服务边界。你必须基于领域的概念来找到这些边界。没有所谓正确或错误的解决方案，有的只是不同的设计可能性。

业务流程一般会涉及多个上下文及服务。这没什么，但你需要确保每个可执行流程都明确归一个服务所有，并避免单体架构流程。在你的服务中加入工作流引擎有助于你处理服务中长期运行的需求，这会帮你捍卫这些边界。绘制端到端流程简图可以帮助你找到或验证边界。

本章还讨论了BPMN的机制（调用活动），虽然你可以使用它调用同一工作流引擎中的子流程，但不应该使用这个功能调用其他上下文的流程。对于多个上下文，应在服务之间使用正常的API调用。

本章是下一章的重要基础，下一章将研究多个上下文或服务如何实现流程自动化。

第 8 章

平衡编排与编制

微服务的兴起与事件驱动架构（event-driven architecture）相关。在这种架构中，每当有实质性的事情发生时，服务就会发出（emit）事件，其他服务可能会对这些事件做出响应。这就是编制。

本章将讨论以下内容：

- 介绍事件。

- 说明如何只用编制和事件链来实现流程。

- 讨论流程自动化时事件链的权衡。

- 描述编排与编制有何不同，以及如何平衡两种通信风格。

- 解释工作流引擎在这些架构中的作用。

- 澄清有关编排和编制的常见误解。

8.1 事件驱动系统

近几年，事件驱动系统越来越受欢迎。构建事件驱动系统的主要原因是对团队自主权的渴望和构建解耦系统的需要。

让我们通过示例看看如何实现这些目标。回想一下本书多次介绍的订单履约示例。假设有这样一个需求：如果有客户感兴趣的事情发生，例如订单已经打包、发出或接收，那么客户应该收到通知。

所有微服务都可以发布事件。事件是指过去发生的事情，可以是技术事件，如用户界面中的"鼠标移动"或"鼠标单击"等事件，也可以是包含业务领域知识的领域事件。在订单履约示例中，订单状态事件就是领域事件。

现在可以构建一个自治的通知服务，监听这些领域事件并自行发送通知给客户，如图 8-1 所示。

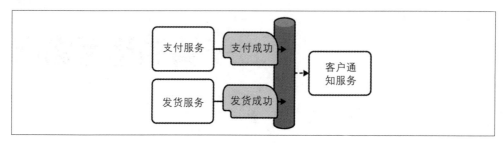

图 8-1：一个自治的微服务可以使用事件来实现通知

这种实现方式非常好，原因有两个。第一，在实施过程中，通知团队不必与其他任何微服务团队沟通。服务只需按照其他服务发送事件的规范处理即可。

第二，其他微服务团队不需要思考发送通知的问题。例如，支付服务不需要决定何时发送通知，也不需要了解如何向客户发送通知。

因此在这个解决方案中，使用事件可以实现更大的架构自主权。

另一个例子如图 8-2 所示。假设结算服务应该向用户反馈其所订购的商品是否有库存，以及能否立即发货。为了回答是否有库存的问题，结算服务请求库存服务查询商品的库存量，并等待其响应（如左图所示）。这至少会导致时间耦合，因为如果库存服务不可用，结算服务将无法回答这个问题。

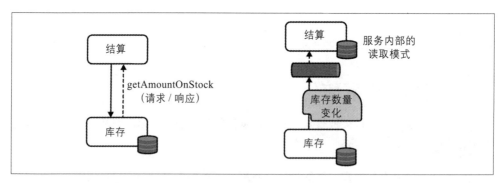

图 8-2：你可以使用事件来避免请求 / 响应式的调用

在事件驱动的替代方案中（如图 8-2 的右图所示），库存服务将库存商品数量的任何变更都作为事件发布。例如，这些事件可能会广播到公司级别的事件总线上。结算服务可以监听这些事件，并使用这些信息计算和存储库存商品的剩余量。这让它能在本地回答任何库存问题，无须远程调用。这避免了时间耦合，甚至还为库存服务分散了压力，因为公司的网站也可以使用这个机制，也就是说，如果有数百万的页面浏览量，你不必查询当前库存量数百万次。

但是，这是有代价的，即增加存储需求和牺牲最终一致性。存储设备几乎每小时都会变得更便宜，所以通常也不是什么大问题，但最终一致性的问题真的会伤到你。在这个例子中，库存量的数据可能只有几毫秒或几秒的有效期，也许还有一些事件没来得及处理。这可能会导致数据不一致，例如，承诺可以快速交货的某些商品正好刚刚售空。在分布式系统中，存在一定程度的不一致通常是可以容忍的，也是必要的取舍，但你必须要意识到这一点。

事件最重要的特征是，发出事件的组件不知道谁会对事件做出响应，也不知道为什么会响应。并且它也不应该在乎。

例如，鼠标驱动程序绝对不在乎鼠标的单击是否在用户界面产生了响应。传感器不在乎检测到的移动是否会触发一些动作。支付服务也不应该在乎它发出"收到支付"事件后会发生什么。库存服务只是发送"库存变更"事件，并不期望有人会用它们。

这些将在 8.3.3 节中进一步说明。

8.1.1 涌现行为

事件驱动系统由发送事件和对事件做出响应的组件组成，发送时间的组件不知道事件会产生什么影响。这种系统的一个非常重要的特性是涌现行为。这是仅在运行时通过观测才能了解到的行为。它不一定是事先设计好的，更可能是在运行时从响应式组件中涌现出来的。这未必是坏事，选择事件驱动架构往往是刻意朝这个方向发展的决策。

但你要明白，这是有代价的。在某些情况下，它能带来灵活性，但在某些情况下，你需要避免它可能造成的混乱。这种混乱会导致你无法理解系统的状况。是否知道这个临界点位置可能就是成功与失败的区别。Martin Fowler[注1] 曾警告："虽然许多学者称赞意外涌现的价值，但事实是，涌现行为有时可能是一件坏事"。

作为从业者，我们要充分理解什么程度的涌现行为是健康的。在本章的前半部分，你看到了涌现行为一些还不错的例子。现在让我们来看一些涌现行为有问题的例子。如果用事件链实现一个业务流程，基本上就是这种情况。

8.1.2 事件链

在订单履约示例中，领域事件也能用来实现订单履约业务流程。其中，支付服务可以监听结算服务发出的下单事件，收到后处理每个订单的支付结果。处理完支付后会发出收

注 1：*https://martinfowler.com/articles/microservices.html*。

到付款事件，而库存服务监听这个事件。整个场景如图 8-3 所示。

乍一看，这似乎会增加自主权，因为不同的微服务团队可以各自独立工作，端到端订单履约功能从微服务的交互中产生。但这个场景有所不同，事件订阅之间存在某种关系，从而导致了事件链的产生。

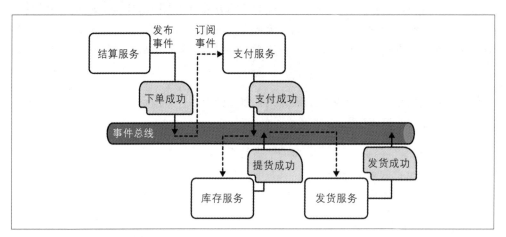

图 8-3：连续多个事件订阅会导致事件链

事件链是一系列真正实现逻辑流或业务流程的事件订阅，因此事件订阅之间不是相互独立的。

在事件链中，你可能希望任务按指定顺序执行（例如，确保在实际发货之前支付成功），但没有地方可以让你理解这个序列，更不用说控制序列了。

你还可能希望有人负责端到端的订单履约，例如，确保每个订单都在承诺的 SLA 前交付。有一个非常重要的观察结果：如果组织内有人关心订单履约，则很可能这个人对 SLA 的达成负责。从他们的角度来看，使用涌现实现业务流程非常不妥，因为这要依靠事件能在正确的时间被正确的服务接收。

正如 Martin Fowler 所描述的，这些特征导致事件链遭遇严重的挑战：

> 事件通知很好，因为它能松耦合，而且实现非常简单。但是，如果真的有一个逻辑流基于各种事件通知去运行，则可能会出现问题。问题在于，很难看到这样的流程，因为它没有显式地出现在任何程序文本中。通常来说，弄清这种流程的唯一方法就是使用实时监控系统。但这可能会使调试、修改这类流程变得异常困难。最危险的是，使用事件通知太容易构建美妙的解耦合系统，使你不知不觉中忽略了更大规模的流程，而这会让你在未来陷入困境。尽管如此，这个模式还是非常有用的，不过你必须小心其中的陷阱。

更改事件链会影响多个组件

假设一个业务部门想在支付成功之前从仓库中提取货物。原因可能是他们想确保货物真的有库存，并能在收取客户费用之前如期取走货物。

这个需求会影响任务的顺序。对于事件链来说，这种情况非常糟糕，因为不能只在一个服务中进行变更。相反，你必须变更多个微服务，可这正是你在强调单个服务自治的微服务架构中要竭力避免的。

现在，支付服务必须忽略下单成功事件（或者至少在首次收到这个事件时，它不能进行支付确认）。相反，它需要监听提货成功事件。与此同时，库存服务必须在收到下单成功事件后立即提取货物，并且它需要忽略支付成功事件。最后，发货服务需要监听支付成功事件，而不是提货成功事件。图 8-4 展示了修改前后的事件流。

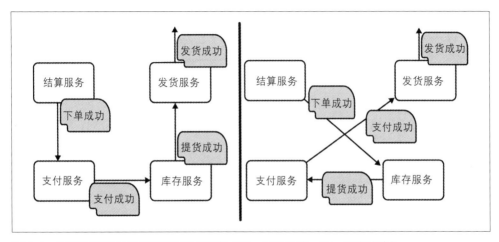

图 8-4：序列的简单变更需要修改三个服务（左：旧事件流；右：新事件流）

要进行变更，必须先理解它们，还必须协调它们的部署。事实上，这需要三个微服务团队聚集在一起讨论变更，提出一个共同的时间计划，最终达成集体部署的共识（或一个逐步发版的计划）。如果你感觉这更像单体架构而不是微服务，那我非常赞同。

除此之外，你还要解决一个分布式版本管理的问题。对于流经系统的每个订单，你需要清楚它在哪个版本的序列上启动。尤其是如果订单是长期运行的，并且它会在系统中停留几小时或几天，那么当你部署变更时还会有订单在其中流转。

当然，你可能会以不同的方式设计事件链：也许是让发货服务同时监听多个事件（支付成功和提货成功），或者库存服务和支付服务都要先监听下单成功事件。这些事件链或许幸运地让变更更少一些。但请记住，总会有业务原因需要特定的顺序，而管理这些依赖关系并不轻松。此外，一般来说，你也不会去设计事件流，它们是"涌现"出来的。

我看到这样的模式一再发生在各种初创公司中，这些初创公司一开始只处理少数几个微服务和一些可理解的事件。事件和事件总线可以帮助它们开发各种独立的微服务。一个微服务可以根据可用事件快速而简单地添加新功能。这些初创公司在这个过程中创建了事件链。

但过了一段时间，潮流转向了。此时公司需要改变现有的功能，但它们很难弄清楚到底该如何去实现。它们往往不知道这些事件在哪里被使用了，以及变更可能会引起什么连锁反应。在事件发生时，你会听到有人说"我们的系统实现不了这个需求"或"这个功能从来没用这种方式实现过"。

 事件可能使添加新功能变得简单，但代价是更改事件链变得更加困难。

当然，你可以有意识地决定基于事件链构建系统，以便在早期阶段获得更快的开发速度，并充分意识到其长期的弊端。确保持续追踪技术债务。

缺乏可见性

事件链很难理解，主要是因为它缺乏可见性。由于微服务的交互是分散的，事件散落在各个代码库中，因此你必须对所有的代码库进行推敲才能了解整个系统。

许多项目实际上都是这样做的。项目人员会开一个研讨会，画一张完全脱离真实代码的图，事实上，在这张图完成的那一刻，它就已经过时了。

也有一些工具专注于监测运行时的行为，跟踪事件流动。这类专注于业务流程的工具才刚刚开始涌现。第 11 章将深入讨论这个主题。现在，让我们简单地认为缺乏对流程工作方式的可见性是事件驱动系统的一大挑战。

然而，在运维这样一个系统时，可见性特别重要。无论什么时候出了问题，你都需要诊断并修复故障。而在编制中，由于缺少上下文，因此会变得非常困难。微服务中的故障不容易在事件链上追溯到根源。如果出现了一个畸形的数据，你可能需要花很多精力去理解它为什么会出现。并且你也不知道目前有哪些后续步骤被这些事件阻断了，这让排障更加困难。这类问题会在 9.1.5 节进一步说明。

8.1.3 分布式单体架构的风险

虽然系统通常是为了减少耦合才以事件驱动的方式设计的，但最终可能会意外地导致耦合度增加。让我们来看一个真实的案例，在这个案例中，教条式使用事件驱动方法导致了分布式单体架构的出现。

这个项目正在建立一个文档管理系统，其业务包括一些页面和附件，同时也必须处理授权问题，例如，每一个新创建的页面都需要创建授权条目。

项目基于事件驱动。页面微服务只需发布页面已创建的事件，授权服务可以收到它并创建所需的授权条目，如图 8-5 所示。

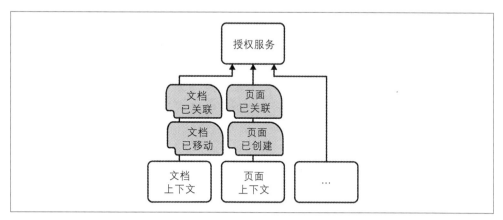

图 8-5：中间的授权服务需要了解其他上下文中的许多概念

虽然这样看起来解耦得很好，但授权服务必须知道"页面已创建""文档已关联"等事件。

结果是微服务以一种糟糕的方式耦合了起来。后来的情况是，每当他们对系统的其他部分进行修改，就不得不重新部署授权服务，因为授权服务也需要了解新的事件类型。这就是所谓的分布式单体架构，其中你有一个需要当作整体的代码库，但它却以分布式的方式保存和部署。

他们最终重构了系统，为授权服务增加了一个清晰的 API，其他微服务如果需要发布授权变更，都有义务主动调用这个 API，如图 8-6 所示。

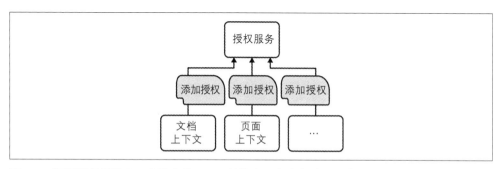

图 8-6：授权服务提供了一个稳定的 API，其他上下文会主动调用它

其中虽然仍有耦合，但在这个设计中授权服务非常稳定。哪个事件要采取哪些行动的决

策被转移到了具有领域知识的微服务中。例如，转移到某个关心页面的服务中。

8.2 编排和编制的对比

上一节中提到的授权服务的 API 是基于命令的，这和事件看起来不太一样。让我们深入了解一下，以揭示编排和编制之间的区别。

8.2.1 命令简介

回顾一下：事件是已发生的事情，是事实。组件 A 发布事件来通知所有人，但它对这个事件产生的影响没有任何期望。组件 B 决定是否对这个事件做出反应。

与此相对地，组件 A 也可以向组件 B 发送命令。这表示 A 想让 B 做些什么，有一个明确的意图，B 不能轻易忽略这个命令。

 事件不知道谁会获得它，也不知道为什么。发出事件的组件也不应该在意。如果它想触发什么动作，它发出的不是一个事件，而是一个命令。

我经常用推文的比喻来解释它们的区别。比如你在 Twitter 上说你饿了，这就是一个事件。它被广播给全世界，它可能触发一些动作，甚至可能产生真正的影响，比如，你运气比较好，你的关注者真的给你带来了一些食物。但更有可能的是，它完全被忽视了，甚至可能没有人读过。这对一个事件来说是很正常的。

命令的情况有所不同。想象一下，你给你最喜欢的餐馆发了一封订餐邮件。现在你有一个明确的意图：订餐。你肯定不会发个推文来订餐。

请注意，这与通信协议无关。Twitter 和邮件都是异步通信，但我们对即将发生的事情有不同的期望。在同步通信中也能观察到同样的差异。比如你给别人打电话（同步通信），你可以说："嘿，我饿了"（事件）或"你好，我想点些东西"（命令）。内容的类型与通信通道无关。

有些人会说，"命令"这个词意味着不能被拒绝。事实并非如此，因为餐厅很可能拒绝你的订单（也许是因为餐厅忙不过来了）。但重要的是，餐厅需要做出回应，不能无视你的订单。

这指出了命令的另一个方面，那就是大多数情况下都会有一个反馈回路，比如对命令的确认或者回应。虽然不是每个命令都必须有回应，但这蕴含着一个简单的逻辑：如果你想让另一个组件为你做些什么，就要确保它收到命令并且最终进行了处理。如果命令送达了，但你没有获得任何反馈，你就会感到不快。

回到订餐的例子：当你通过邮件发送订单时，除非你收到了邮件回复，不然你可能对它是否会产生预期的结果不是很有信心。如果你能通过一些可以立即确认订单的电商页面订购，感觉会更好。但在这两种情形下，反馈循环都不是最终的回应，只有当饭菜真正准备好并送达你手中时，你才会真的开心。

8.2.2 消息、事件和命令

事件和命令的语义有很大的不同，但它们都是某种通信方式的负载，最典型的通信方式就是消息。需要注意的是，事件和命令的不同特性在于其语义，而不是技术协议。例如，你可以通过 REST 实现命令，但也可以使用 REST feed 来实现事件，即使在现实生活中很少这么做。你也可以通过异步消息来发送命令，通常是把消息放在队列中发给专门的接收者，而事件通常是通过主题把消息分发给任意数量的接收者。

现在真正重要的是要准确定义你所谈论的内容，无论是传输方式（消息）还是负载的类型（事件或命令）。随着 Apache Kafka 等事件代理技术的兴起，我看到许多公司都在混淆的术语中挣扎。

这种情况之所以发生，是因为在 Kafka 中没有消息的概念。Kafka 存储的是记录。使用"记录"不是"消息"，是因为记录是持久性存储的，而消息系统与之相反，它们传递消息后会遗忘消息。但很多开发者的语言并不准确，他们使用事件来代替记录，因为他们认为 Kafka 是一个事件总线。也就是说，你将面临来自这些公司的两种不同的事件定义，如图 8-7 所示。

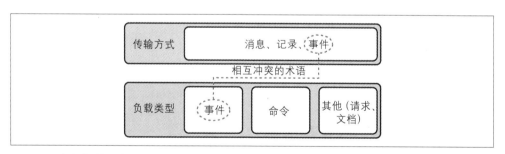

图 8-7：当人们说"事件"时，可能指的是负载中的真实事件，也可能是包含事件的消息，这可能会令人混淆

这可能令人们相信 Kafka 中都是事件，相信 Kafka 无法处理命令。但并不是这样的，你当然可以把命令当成记录写入 Kafka。

不过这存在一种反模式的风险，被称为伪装命令（commands in disguise）。如果开发者认为所有需要发送的内容都应该当成事件，那命令就被硬塞进（伪装成）事件了。如果你看到"用户需要收到他们订单相关事件的通知"，这显然不是事件，因为发送方希望发生一些事情。发送者有其意图。这是一个命令，也应该按命令来处理。使用"发送消息"显然会更清晰。

8.2.3 术语和定义

对事件和命令的讨论为定义编排和编制铺平了道路。遗憾的是，这些术语并没有一个全球公认的简明定义。由于误解会导致错误的结论和错误的决策，所以让我们在本书的上下文中对这些术语做出定义：

- 命令驱动通信 = 编排
- 事件驱动通信 = 编制

第 4 章非常详细地介绍了编排，并描述了工作流引擎如何编排万物，从人工到 IT 系统和服务。从这个意义上讲，编排真正的含义是协调活动或任务。但这并不限于工作流引擎。一般来说，如果你有一个组件来协调一个或多个其他组件，那你所谈的就是编排。这表示那个组件会发送一些命令。

在编制中，组件为了完成某些事情以事件驱动的方式直接与其他组件交互。

这个定义的一个重要推论是，它专注于单个通信链路，而不是整个系统。也就是说，设计一个"编制系统"是没有意义的说法。虽然我经常能听到这些过于简化的讲法。

在一个好的架构中，你会同时发现两种通信方式：编排和编制。更多时候，这是粗暴混合出来的，你甚至可能没有意识到正在使用编排，比如，当你"只是"调用了一个别的服务时。

我通常更喜欢谈论基于事件的交互或基于命令的交互，因为编排和编制这两个术语导致的混乱要比解决的问题更多。

8.2.4 使用命令来避免事件链

让我们重新审视本章开始时的订单履约例子，并尝试改进架构，解决关于事件链的难题。

最重要的是我们要厘清订单履约在整个业务流程中的职责。设计职责是一个共同的主题，本章后面部分会进行更深入的解释。而在这个具体的例子中，它很可能会导向一个独立的订单履约微服务，因为这个职责不适合于放在支付、库存、结算或发货等服务中。

结算服务会发出下单成功事件，这里可能没什么问题，因为结算团队完全不负责确保订单被交付。订单履约服务可以订阅这个事件，但从这里开始，它就要负责采取一切所需的措施（见图 8-8）。

订单履约服务首先必须确保此订单支付成功。将意图转化为命令。因此订单履约服务发送该命令，并等待支付确认成功，基本上就是前面支付成功事件体现的内容。然后，订单履约服务会向库存服务发送命令，告诉它要从仓库提取哪些货物。这样，订单履约服务就可以控制所有事项的顺序。

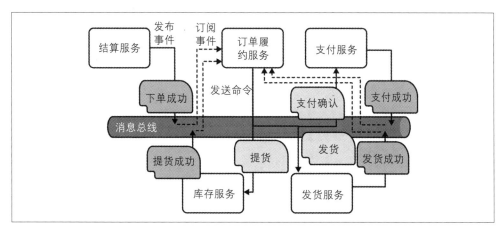

图 8-8：所有重要职责都需要一个归属，例如负责整体的订单履约服务

请注意，这里的职责是明确界定的。订单服务负责订单履约，所以在过程中会对其他服务发出命令。因为它关心支付是否成功、提货是否正常等。

支付服务"仅"负责安全可靠地收款。通过接收某个命令，支付团队不会被迫去理解"下单成功"等事件。支付团队不需要知道到底是为了什么而确认支付状态的，或者到底在整个流程中起到什么作用。

一旦有另一个客户端需要做支付确认，这也是一个很有利的设计。举个例子，假设你的公司还提供一些订阅服务，或者出售一些可下载的内容，总之就是不需要实际的运输过程，如图 8-9 所示。

这种变更完全不需要支付服务进行调整，但基于事件的 API 就需要了。如果深入思考一下，你能想象 SaaS 支付厂商提供的基于事件的 API 吗？你甚至都不能确定那些事件在里面会触发什么。

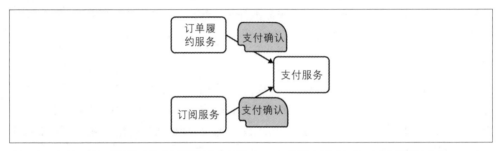

图 8-9: 支付团队不需要知道谁需要确认支付状态, 它的职责是收到命令时可靠地收款

 组件越通用, 其他服务需要与它通信的时候, 它要修改的内容就越少。这种时候, 基于命令的 API 往往更合适。

有一个非常不同的例子, 就是本章开头提到的发送订单通知。此时, 订单履约团队可能无须对订单通知邮件是否正确发送负责。夸张些说, 他们不在乎。

因此, 这里非常适合基于事件的通信。通知服务负责向客户发送通知。它将处理好数据安全问题, 选用客户指定的通信方式。这免除了其他服务在这些方面的职责。

但如果你设计了一个给全公司服务使用的通知服务, 它可以发送任意类型的通知, 有订单、支付、定义、新闻等, 该服务可能不应该了解订单履约中的事件。所以, 你可能需要增加订单通知服务, 负责将事件转换为准确的命令, 如图 8-10 所示。

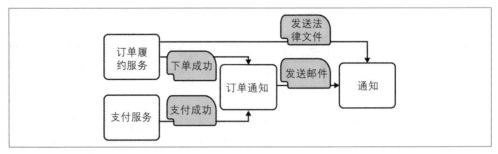

图 8-10: 通知可以是事件驱动的, 也可以是命令驱动的, 具体取决于它们的范围和设计的职责

正如你所看到的, 你需要了解你的组织和不同组件的职责, 才能决定是否使用事件或命令进行某种类型的通信。

8.2.5 依赖的方向

两个服务之间每增加一次通信都会增加一定程度的耦合。但这里有一个很有趣的点, 你可以选择依赖的方向，以此来决定哪些组件之间产生耦合。图 8-11 展示了订单履约在这方面的例子。

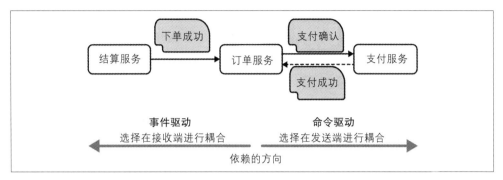

图 8-11：使用事件时耦合接收方，使用命令时耦合发送方

当服务监听事件时，作为接收方与这一事件"领域耦合"。或者说它知道要在哪个通道接受这个事件，知道这个事件的含义，以及可能会有的附加数据是什么结构。依赖的方向是从接收方到发送方。正如你在本章前面所看到的，并非在所有情况下都是好选择。

与事件相对的，一个服务还可以向另一个服务发送命令。为此，发送方必须知道命令的含义，要发送到哪个通道，以及可能会有的附加数据是什么。依赖的方向是从发送方到接收方，发送方与接收方"领域耦合"。

不同的组件要进行交互，一定程度的领域耦合是不可避免的，但你可以主动选择耦合发生在发送方还是接收方。这个选择决定了你是使用事件还是命令。

8.3 寻找恰当的平衡

你肯定需要在架构中使用事件以及命令，也就是编制和编排。为此，你必须找到恰当的平衡。虽然听起来很复杂，但这基本上就是对微服务之间的每一个通信环节是使用事件还是命令有意识地做出理性选择。让我们来说明一下这个问题。

8.3.1 选择使用命令还是事件

如果一个事件被忽略，导致组件遗漏了一件事，这种情况是可接受的吗？这个问题是个不错的试金石。如果回答是，那么它就真的是一个事件；如果回答不是，那你面对的可能是一条命令。我并不是说对事件的响应不重要。在订单履约的例子中，发送邮件通知是很重要的，得不到通知的用户可能感到烦躁。不过，如果这种情况真的发生，也不是什么大问题，最重要的是，使用事件意味着这不再是订单履约团队的问题了。

如果有因法律要求而发出的通知，情况可能就不太一样了。此时，订单履约团队可能要对这个通知负责（并承担相应的责任），这促使他们使用命令。

当然，也可以使用其他方式设计这个职责，但通信类型必须与决定相匹配。如果是订单履约团队负责，那么他们就应该使用命令进行通知。作为替代，你可能会换一种职责分配方式，让通知团队来负责，这种情况下事件将为你提供良好的服务。

8.3.2 命令与事件的混合

为了找到另一个平衡的视角，让我们将用户入网流程的例子拓展一下。Sam Newman 在他的 *Building Microservices*（O'Reilly）一书中也使用了这个例子，但大体上他关注的是用户创建后的步骤，正如你在图 8-12 中所看到的。

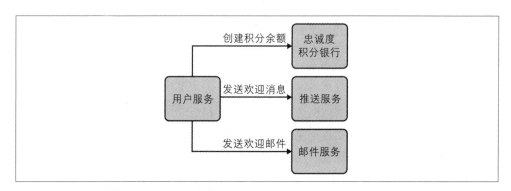

图 8-12：使用编排的用户创建后续流程（来自 *Sam Newman：Building Microservices*）

他指出：

> 这种编排方式的缺点是，用户服务会变成一个冗杂的职责中心。它会成为网络中心的枢纽，以及逻辑活动的中心点。我见过这种方案的结局，是少数几个高智能的"上帝"服务告诉那些仅仅包含 CRUD 的服务该做些什么。

Sam 进一步主张使用事件来通知其他系统用户已被创建，如图 8-13 所示。

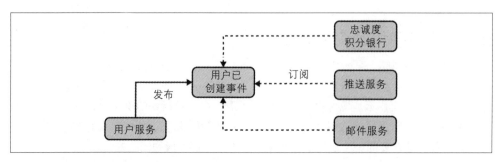

图 8-13：使用编制的用户创建后续流程（来自 *Sam Newman：Building Microservices*）

虽然我会同意，在用户注册后，事件可能更合适，但预检查可能并非如此。图 8-14 展示了用户入网全流程的一种可能的解决方案，图为 BPMN 协作图。

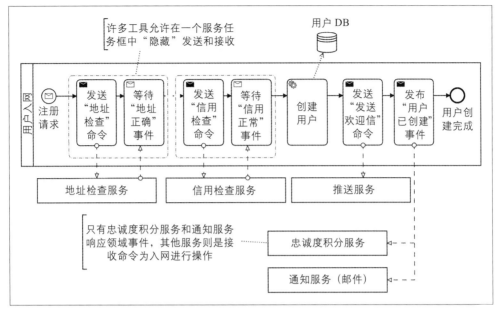

图 8-14：最终的用户入网流程可能是编排和编制的混合

协作图将在 10.3 节中做更详细的讨论，它们能让你在一张大图中对系统不同组件间的协作进行建模。其中入网流程本身很可能在用户服务中实现，但也可能会在一个独立的用户入网服务中实现。

这个流程的某些部分最好使用编排来设计，另一些部分则可以从编制中受益。流程发送地址检查和信用检查的命令，这显然是编排。在流程的后期，客户创建的事件触发其他微服务的相关动作，正如 Sam 所提议的那样。每一次通信的处理，你都要考虑使用事件还是命令。

8.3.3 设计职责

本章表明，在设计通信链路时，你需要充分考虑每个组件的职责。在发送方无须对接下来发生的事情负责的情况下，应该使用事件。在发送方需要确认某些事情会发生的时候，应该使用命令。

让我们进一步了解用户入网例子中的用户欢迎信。如图 8-14 所示，这是通过发送命令实现的。为什么是命令呢？为什么发送欢迎信的服务不监听用户已创建的事件呢？

在这种情况下，我认为用户入网团队有责任确保这封信真的被寄出。这可能是某种法律要求，这种事并不罕见。这不是用户入网团队可以"任其涌现"的事情，意思是说他们不能只是假设有的组件会发送欢迎信，不能只是期望某个组件对这个事件做出反应。他们要为此负责。CEO 可以随时联系这个团队的人，询问为什么没有向某个重要用户发送欢迎信，他们不能指责其他某个没有监听事件的人，这是他们的职责。职责与问责伴随着需求，控制着通信方式的选择。只有当他们发送命令后，才能将职责移交给通知服务。一旦通知服务收到了命令，如果欢迎信没被送出，那就是这个团队的失误。

相比较而言，发送通知邮件和在忠诚度积分计划中注册用户可能就不是用户入网团队的职责了。这能让该团队保持其专注力。此时，事件会是一个很好的方案，因为入网流程根本不需要为忠诚度计划而操心。反而，忠诚度计划团队会独立开发其解决方案。如果有用户没有成功注册，CEO 会去找那个团队，而不是用户入网团队。

你需要了解如何将职责分配给不同的组件。换句话说，你需要知道哪个团队要对哪个需求负责。这不仅会帮助你制定良好的界限，而且还会帮助你决定选事件还是命令。如果发送方来负责，那么他会关心事情的发展，也就是说你需要使用命令。如果发送方不关心，但接收方要负责采取行动，通常这时你可以使用事件。

职责从来不是固定的。你或者你的组织能够设计职责，而且绝对需要这样做。这与设计微服务的边界有很大的关系。确定是使用事件（编制）还是命令（编排）只是责任思考的结果。

如果你忽视了职责的划分，最终会发现团队无法控制所要负责的范围。这会导致团队相互指责，情绪沮丧。

如果你没有正确设计职责，将构建出需要团队之间大量讨论和协作的系统，因为你通常不得不一起更改多个部分。而这正是你在使用微服务时需要避免的。

8.3.4 评估变更方案以验证决策

要想更好地理解不同耦合间的差异，对变更方案进行讨论会有所帮助，还能让你预见以后进行变更时会产生的影响。假设还是针对用户项目，你正在对比两个用户入网流程，一个基于编制，一个基于编排。

最初，项目团队坚信事件驱动的方案耦合程度比较低。他们希望实现如图 8-15 所示的事件链，注册请求的事件触发信用检查服务和地址检查服务。两个服务最终会以事件的形式发布结果，用户服务团队会等待这两个事件发生后创建用户。

你发现，走这条路的决定是基于一些私下讨论和某些关键人物的个人理念，而且可以肯定不是以适当的调研为基础做出的选择。为了激发良好的讨论，你找到了一个在这种情况下很现实的变更方案：在这个流程中增加一个额外的检查项。我们把它称为犯罪记录检查。图 8-16 展示了事件流的变化和需要进行相应变更的服务。

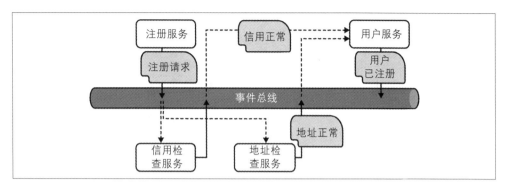

图 8-15：事件链实现的用户入网流程

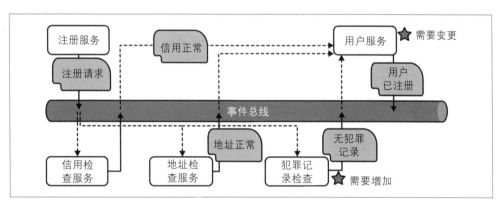

图 8-16：在编制中添加一项额外的检查所需的变更

正如你所看到的，除了将新的检查作为独立的微服务来部署外，你还需要调整并重新部署用户服务。这个微服务现在需要等待新增的犯罪记录检查服务提供结果。当然，你可以引入独立的用户入网服务来处理所有这些逻辑，但这只是把问题转移到架构中的另一个地方。

相比之下，这个流程的编排版本如图 8-17 所示。此时，用户微服务（或特别用户入网微服务，如果你愿意这么叫的话）会对注册请求事件做出反应，然后命令其他检查服务来完成它们的工作。

为了在这里添加一项检查，你不得不部署新的微服务，调整并重新部署用户服务——这与编制中的变更完全相同。这意味着事件驱动的流程没有更强的解耦。在编排的版本中，你会有一个明确看到整个流程的地方，而在编制方案中，这些知识分散在所涉及的各种微服务中。

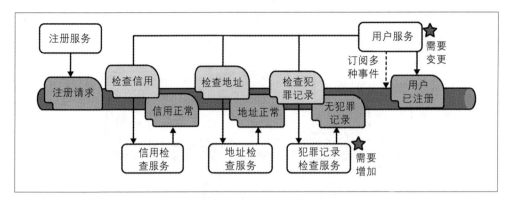

图 8-17：在编排中添加一个额外检查所需的变更

请注意，这个例子仍然过于简化。在现实生活中，入网流程更加复杂，在进行所有这些检查时步骤要有一定的顺序。例如，如果地址是无效的，就不需要做信用检查了，尤其是考虑到信用检查真的需要花钱。在实现这种变更时，更加真实的顺序会增加你涉及的微服务的数量。回想图 8-4 中的例子，取货要在确认支付之前完成。要改变一个事件流的顺序是很难的。

8.4 澄清常见的误解

我经常遇到关于为什么应该避免编排或为什么编制是大势所趋的误解。这些故事如此常见，以至于值得快速了解一下，不仅是为了简单地了解它们，也是为了理解它们为什么是误解。

8.4.1 命令不需要同步通信

一个常见的误解是：命令必须同步通信，并且这会导致时间耦合（参见 7.1 节）。

但事实并非如此。正如 8.2.2 节中所说明的，命令（及事件）独立于通信协议。在它们之间做出选择无关于使用同步通信或异步通信的决策。因此，你可以使用异步通信来缓解时间耦合。现在，组件 A 可以向组件 B 发送消息中的命令，即使 B 当时不可用。消息只会在队列中等待。

重要的是要理解，时间耦合是由同步通信本身产生的，而不是由选择使用命令产生的。

我甚至看到过这个误解的另一种版本：编排就是指有一个组件通过使用链式同步阻塞请求来协调其他多个组件。图 8-18 展示了订单履约服务进行编排的例子，它使用同步阻塞的方式调用其他微服务。

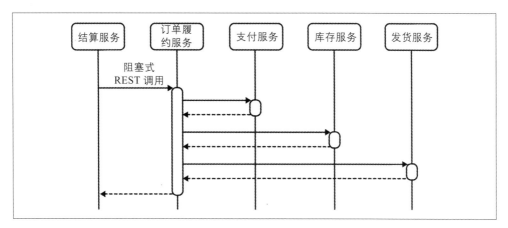

图 8-18: 对编排的误解: 一个组件连续处理大量同步阻塞式的调用

这种同步调用链的实现有严重的缺陷。首先，你会感受到延迟在"爬进"你的服务调用中，意思是说各种服务调用的延迟和处理的时间会叠加，从而导致用户感觉结算相当缓慢。

其次，你可以看到订单履约的可用性会下降，因为所需的所有服务在调用触发的那一刻都必须是可用的。

但同样，这个问题与订单履约服务编排其他功能无关，它的根源在于使用了同步通信链。

编排不会引入时间耦合，同步通信才会。这个问题可以通过异步通信来解决。编排独立于通信协议。

8.4.2 编排并不一定是集中式的

继 6.2.2 节和 7.5 节中的讨论之后，我想再次强调，在本章中，编排并不需要是集中式的。你真的要在脑海中把编排和集中式这两个词分离开。或许，使用本地编排或分布式编排等术语来强调这一点会有所帮助。

编排只是意味着指挥（或协调）另一个组件。每个组件都可以做到这一点，这不需要拥有一个集中式的编排器。

此外，编排不需要连接到特定的工具。工作流引擎对实现长期运行的编排流程确实有很大的助益。但使用代码发送命令的组件也在协调其他组件，因此也在执行编排。

如果你成功地就编排的真正含义、事件和命令所起的作用、工具事实上是否需要集中化等进行过公开讨论，那么你将拥有更良好的基础来做出明智的决策。

 编排不是集中式的，虽然在 SOA 时代确实是这样主张的。你可以在微服务中本地实现它，也许还能用上工作流引擎。

8.4.3 编制不会天然带来更多的解耦

本章已经说明为什么两个组件之间的每个通信链路都会导致耦合。但仍然存在一个误解：在事件驱动架构中，耦合会大幅减少。

这是无稽之谈。

当你使用事件时，决定在通信的接收方进行耦合，这当然在某些情况下是有益的。但在其他情况下却不是这样。你需要根据具体情况做出选择，以创建一个优秀的架构。

8.5 工作流引擎的作用

无论你是使用编排还是编制，工作流引擎都在你的架构中发挥着至关重要的作用。这在初次听到时可能令人感到惊讶，因为工作流引擎通常与编排相关。有时它们甚至被看作与编制对立。但事实并非如此。让我们来了解一下工作流引擎是如何在事件驱动系统中提供帮助的。

工作流引擎可以订阅事件，并在特定事件到来时启动新的流程实例。另外，它也可以让现有的流程实例等待事件发生。举个例子，假设你想要在某个时间段内等待两个事件的发生，但如果其中一个没有按时到达，你就要进行其他操作，如图 8-19 所示。

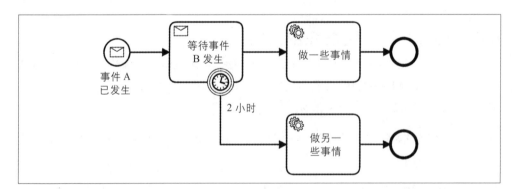

图 8-19：流程可以对事件做出反应

说实话，这种场景也可以用流式事件的方法来实现，这些方法提供的查询语言包括了时间窗口。然而，不是每个人都有这些技术方案可用。并且，使用这种声明式的方法来表达一个复杂的需求往往比描述一个流程模型更难。而且大多数情况下，你同样会需要长期运行的能力。

图 8-20 展示了一个真实生活中的常见案例。流程模型对事件做出反应，同时也发出命令。两种方式都会使用。这与 8.2 节中给出的编排和编制的定义十分接近，因为方案的选择不是一个全局性的，而是与具体的每个通信链路相关。

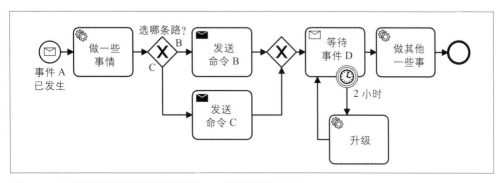

图 8-20：流程模型可以对事件做出反应，也可以发布命令

8.6 结论

本章探讨了如何使用事件在组件之间通信。你看到事件链可用于流程自动化，并且可能会带来一些挑战。这些挑战又可以通过命令很好地解决。

本章还对编排（命令驱动通信）和编制（事件驱动通信）提出了现代、清晰以及准确的定义。编排意味着通过使用命令来协调其他服务，而编制与对事件的反应相关。它们独立于通信协议和技术。

你无法在全局决定要使用编排还是编制，而是在每次组件需要通信时做出选择。区别在于依赖性的方向以及各个组件由此产生的职责。无论哪种方式，都会有一定程度的领域耦合，这是不可避免的。

编制并不总是比编排导致更少的耦合，虽然在某些情况下可能是这样的，但它也可能会导致额外的耦合和分布式单体架构。也就是说，你需要学会平衡两种通信方式。

第 9 章

工作流引擎与集成挑战

现代系统一般是这样设计的：组件会部署在不同的计算机、虚拟机或容器中。组件相互连接需要进行远程通信，这就引入了许多新的挑战。

本章将讲述如何使用工作流引擎来应对这些挑战。在此背景下，本章将讨论以下内容：

- 研究服务调用的通信模式，尤其会关注长期运行的通信和异步通信。

- 对一致性问题和事务保证进行说明。

- 强调幂等性对这些工作的重要性。

即使你不打算使用微服务架构，本章依然值得阅读，因为几乎每个系统都存在一些远程调用。这里所描述的概念也适用于简单的 REST 调用。

9.1 服务间调用的通信模式

当你从流程中调用服务时，可能会用到不同的通信模式。在我们深入研究异步通信之前，先看看同步通信。

9.1.1 同步请求 / 响应

同步请求 / 响应最典型的例子是 REST 调用。为了在 BPMN 流程模型中引入此类 REST 调用，你可以使用服务任务，如 3.1 节中所介绍的。如图 9-1 所示，这个流程将在服务任务中等待 REST 调用返回响应。

简单的服务调用可以隐藏很多复杂性。正如 Peter Deutsch 及 Sun Microsystems 公司的其他人提出的分布式计算谬误中所说的，远程通信本质上是不可靠的。远程服务可能会不可用，响应可能会非常缓慢。很快你就会产生让服务支持长期运行模式的想法，因为你必须要等待这些服务可用以及响应返回。但事实上这经常被遗忘，导致了架构中的坏味道。

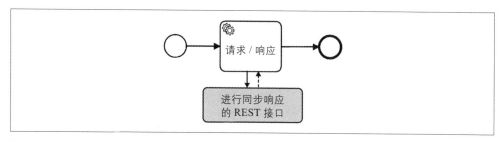

图 9-1：BPMN 可以使用服务任务处理同步通信

为了说明这一点，让我们从一个真实的例子开始。那时我正准备飞往伦敦。当我收到值机邀请时，访问了航空公司的网站，选好了座位，然后单击按钮取到登机牌。这在后台触发了一次同步的 REST 调用。它给了我这样的回应："我们目前有一些技术困难，请在五分钟后重试。"

我们假设航空公司在这个流程中的所有部分都使用了独立的服务，如图 9-2 所示。然后，进一步假设这些服务都是通过 REST 调用进行通信的。这表示值机服务在得到条形码服务的响应前线程将被阻塞，会发生什么？草图中设计的故障处理方式是由客户端负责的，在这个例子中，我不得不自己重试。事实上，我一直等到第二天才解决问题拿到登机牌。但这意味着我必须使用工具（我的日历）来提醒自己进行重试，以确保我没有忘记。

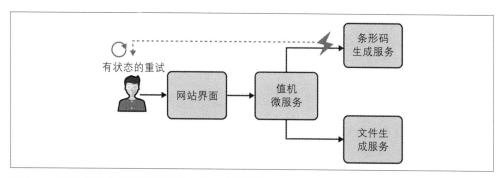

图 9-2：错误经常会传播到调用链中第一个能够处理状态的服务，在签发登机牌的例子中，就是发出请求的人

为什么航空公司自己不重试呢？它们知道客户的联系方式，可以在登机牌准备就绪时异步发送登机牌。这不仅更加方便，还能大大减少需要关心故障的组件数量，降低整体的复杂度。

当服务可以自己解决故障时，它就把重要的行为封装起来。正如第 7 章所描述的，这让所有客户的生活变得更加简单，API 也变得更加简洁。当然，在某些情况下，将错误传递给客户端的行为也是可接受的，但这应该是根据业务需求有意识做出的决定。

我在现实生活观察到的往往并不是这样。更常见的情况是，团队明白这种故障解决需要处理状态，但他们不想引入这种复杂性，正如在 1.2 节中所讨论的。

在登机牌例子中，为了保证错误留在本地，应该在值机服务中进行有状态的重试。在这个服务中使用工作流引擎是处理状态的解决方案之一，同时还能获得触发重试的调度能力。如本书前面所述，状态将保存在工作流引擎中，而引擎在逻辑上归服务所有。

使服务有状态化有助于将问题留在本地。虽然重试的行为没有预置到 BPMN 语言中，但厂商一般会提供易于使用的扩展组件。最终你可能会获得一个非常简单的流程，如图 9-3 所示。

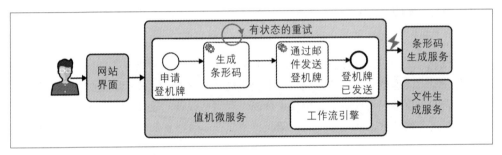

图 9-3：让有职责的服务处理重试

可能你已经意识到我在这里逐步引入了异步特性。如果调用条形码生成器的服务重试了几分钟，那值机服务将无法返回同步响应。如果你查看了本书网站上给出的源代码，会看到值机服务在这种情况下会返回 HTTP 202 的状态码，意思是服务接受这个请求，并将在一段时间后进行处理。

所以，这已经是异步通信了，会在下一节中细述。在本章后面的内容中，你还将看到，当需要的时候还是可以保留一个同步 facade 的。

9.1.2 异步请求 / 响应

异步通信是指非阻塞式通信，发送请求的服务无须等待回复，只要发送成功就可以了。虽然上一节中的 REST 例子可能符合条件，但异步通信一般是消息系统的领域。

消息系统可以使系统更加健壮，因为它们消除了时间耦合。如果服务要等待回复，消息系统的 API 会明确指出等待消息回复可能需要一定的时间。这促使开发者思考如果响应没有在特定时间范围内到达会怎么样，一般这样写出的代码会更好。

从本质上讲，异步通信使通信透明化，其本身变得可长期运行。长期运行？你应该已经掌握了，这就是工作流引擎可以提供帮助的地方。

假设有这样一个业务需求，你的服务需要等待某些请求的答复才能真正继续。而这个响应过程可能需要一定的时间，并且是异步送达的。处理这种需求，你就可以使用如图 9-4 所示的 BPMN 流程模型。

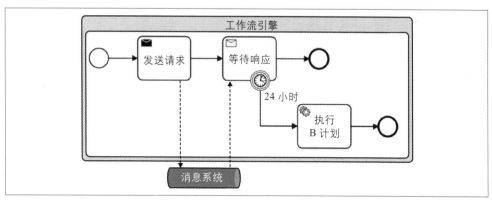

图 9-4：BPMN 可以处理异步通信并管理好超时

这个例子说明你可以轻松建模延迟操作及超时控制。有了工作流引擎，不仅可以等待几毫秒，还可以等待几分钟或几天。

为了支持异步通信，工作流引擎提供了一些机制来寻找处于等待中对应的流程实例。假设实例发出了一条消息来做支付确认，其中包含了一个事务 ID。当响应到达时也会带有这个事务 ID，工作流引擎就能够依靠 ID 识别正在等待这个响应的实例。

下面这些关联规则已在现实生活中证明过：

- 使用人造 ID，例如专为每次通信生成的 UUID。当发送支付请求时，在客户端生成一个全新的 UUID，并将其存储在客户端本地（例如，在其流程变量中）。这个 ID 仅用于单次通信的关联，这样你就不会受到任何干扰。

- 不要使用工作流引擎中的 ID，比如流程实例 ID。如果因为某些运维目的需要重启流程实例，最终可能会产生不同的 ID。或者你的工作流引擎厂商可能会修改 ID 的生成规则，这样会导致软件失效。想想看，所有使用了数字 ID 的应用程序现在都转向了 UUID，也就是字符串。

- 谨慎使用业务数据，例如支付时使用订单的 ID。虽然这往往更简单，也可以运行得很好，但它有一定风险。例如，你出于某种原因将付款分为两部分，则一个订单号会对应两笔支付，最终可能会无法将响应关联起来。

BPMN 还可以将发送任务和接收任务合并到一个服务任务中，如图 9-5 所示。

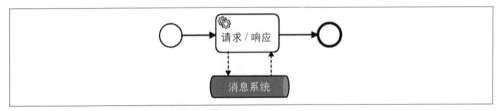

图 9-5：BPMN 可以将异步通信隐藏在简单的服务任务背后

这常常会使流程模型更容易理解，让你更容易与业务利益相关者沟通。如果你在各种地方使用了异步通信，它也可以清除混乱。

9.1.3 BPMN 和随时准备接收

在 BPMN 中有个小细节会有潜在问题，与传入消息的时机有关。BPMN 标准是这样定义消息相关的：流程实例需要在消息到达之前做好接收消息的准备。因此，严格来说，当该流程实例的令牌没有在等待接收任务时，传入的消息就无法进行关联，就会被丢弃。

剧透警告：一些工作流引擎允许你将传入的消息缓存并设定保留时间，这让流程实例有足够的时间到达接收任务。

以我所经历过的真实场景为例，先来说明一下这个问题，如图 9-6 所示。这个问题初看起来有点奇怪。

这个例子中，流程使用 SOAP 调用外部系统。SOAP 的回复只是确认收到了请求。真正的响应是使用异步消息发送的。由于某些原因，解析 SOAP 的回复加上提交流程实例状态所需的时间要多于真正的响应从消息系统中返回所需的时间。这使得响应信息在关联时出现错误，因为流程实例还没有准备好接收它们。只是几毫秒的问题，却导致了异常。

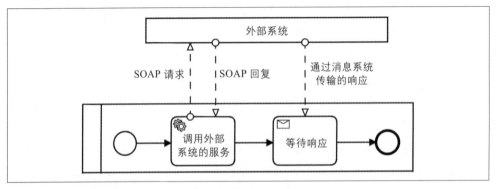

图 9-6：流程必须准备好在收到响应消息时接收响应消息

最大的问题是没有人能理解当时的情况。用运维工具查看，显示流程实例正在等待消息，但响应消息的异常说明没有等待中的流程实例。

我花了一些时间才向项目的各个干系人解释清楚这个问题。我只能通过在消息到达时添加一行 Thread.sleep 代码来说服开发人员，让他们相信现在发生的就是这种情况。这段代码在实际关联到消息之前等待了 100 毫秒才暂时解决了问题。最终的解决方案是重试关联消息，因为只需要几毫秒的时间，流程就能准备好接收。就是这样，我们用到了消息系统的缓冲能力。

但出于以下两个原因，这不是个令人满意的解决方案。首先，只有使用提供了缓冲机制的通信（如消息）中才有效；否则，你必须自己实现这一机制。其次，开发人员需要理解这种情况，并承认消息关联过程出现错误是一种正常现象。

因此，BPMN 工作流引擎中的消息缓冲是一个有用的功能。它让你无须为所有这些恼人的细节担忧。在这个例子中，每当流程实例到达接收任务时，响应消息就可以非常简单地被关联起来。遗憾的是，消息缓冲是厂商对 BPMN 标准的专有补充，所以你需要检查厂商是否提供了这个功能。如果你拥有它，就好好利用它吧！

9.1.4 聚合消息

流程模型还可以表达有关消息交换更复杂的模式，如 Gregor Hohpe 和 Bobby Woolf 在 Enterprise Integration（Addison-Wesley）一书中所描述的聚合器：

> 使用一个有状态的过滤器（聚合器）来收集和存储单条消息，直到收到完整的相关消息集。然后，聚合器会发布一条从单个消息中提炼出来的消息。

想必你可以猜到，"有状态"这个词暗示了工作流引擎。你可以用 BPMN 实现这样一个聚合器，如图 9-7 所示。

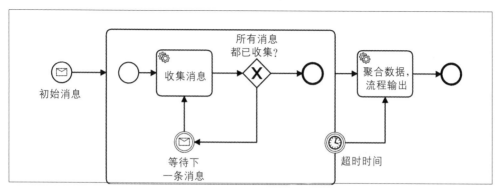

图 9-7：使用 BPMN 实现的聚合器

工作流引擎提供了持久化状态以及简单的超时处理。当然，这并不局限于实现通用的聚合器。很多时候，你仅需要在某个特定的业务场景中收集几条消息，如图 9-8 所示。

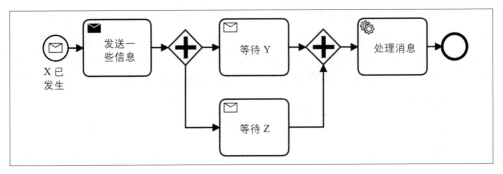

图 9-8：在流程中聚合消息

需要记住一点，为了避免流程实例在正确的时间点上没有做好接收准备，你可能需要消息缓冲来安全地执行这些模型。如果你的工作流引擎不支持此特性，你可以在本书的网站上找到一些可行的解决方法。

9.1.5 毒丸与死信

谈到异步通信和消息系统时，我有一些忠告。不要误会我的意思，我是异步通信的忠实粉丝，不过我也看到过很多公司和很多项目在异步通信相关的复杂问题中挣扎。

我最喜欢的例子是毒丸消息（poisoned message）。假设你的服务通过消息传递接收新的用户订单。当前端出现错误，把一些破损的数据放入该消息，使消息"带毒"，你的服务在处理这条消息时就会抛出异常。

你无法将此异常交给任何客户端，因此消息系统必须处理它。默认的处理方式是给接收端重发消息，但这没什么帮助，只会增加负载。在设定的重试次数过后，消息系统一般会将其放入死信队列（Dead Letter Queue，DLQ）。

即便在今天，大多数工具也没有提供合适的交互界面来监控 DLQ、检查消息以及重新将它们送达。使用者被迫建立定制的信息检查机制来妥善处理这些状况。

但即使有工具，诊断故障原因也不容易，失败的信息并没有提供太多该数据来源的上下文信息。如果你通过不同的通道接收订单，并且这些数据经过了数个服务的路由，那寻找根因就需要一些实用的取证技巧。

如 5.1.3 节中所述，这就是使用可执行流程模型而不是让数据流经各种队列的另一个巨大动力。使用工作流引擎，一个失败的流程实例会给你提供很多上下文数据，例如它从哪里开始、选择什么路径，以及附加什么数据。

9.1.6 隐藏在同步 facade 背后的异步通信

有时你不得不为某些客户端提供同步的 API，尤其是前端客户端。如果你的架构包含了异步通信或长期运行的流程，就会出现一些问题。

这个问题的解决方案一般是创建一个同步 facade，向外提供同步 API，例如使用 REST。而在内部，这个同步 facade 需要阻塞并等待异步调用的响应。

```
try {
  sendRequestToServiceB(correlationId, ...)
  response = waitForResponseFromServiceB(correlationId, timeout)
  // ...
}
catch (timeoutError) {
  // ?
}
```

接收响应的方式有三种：

- 订阅发送响应消息的通道。

- 提供一个回调 API。

- 定期进行轮询，看看结果是否可用。

它们各有利弊，选择哪个取决于你的架构。其共同点是，你必须考虑超时问题，因为你不能永远等待，永远阻塞。这意味着你需要考虑如果在限定时间内没有响应该怎么处理。

我经常看到的一种模式是，当一切正常时同步返回，出现错误时退回到异步处理。

例如，在 9.1.1 节中的值机案例中，值机服务只有在一切顺利的情况下才能同步返回登机牌。这种结果就可以简单地用 HTTP 返回状态码 200 来表示，意思是"一切正常，这是你要的结果"。如果出现任何故障，导致服务无法立即创建结果，就要用 HTTP 202 来回应，意思是"我知道了，稍后回复你"。然后再通过电子邮件发送登机牌。本书网站上（*https://ProcessAutomationBook.com*）的源代码中包含一个具体的代码示例。

当然，切换到异步响应会影响用户的体验。用户无法马上获得他们的登机牌。但这是好还是坏呢？你可以在 13.2 节中深入了解这个有趣的问题。剧透一下：这是件好事。稍后成功收到登机牌，不比马上收到错误信息让用户独自面对问题要好得多吗？

9.2 事务和一致性

让我们换个话题，聊聊分布式系统中的事务难题。为此，我们将再次拿出新用户入网的例子。

还记得吗，我们需要将用户信息录入 CRM 和账单系统。如图 9-9 所示，在单体应用中，你只需在同一个数据库中建立不同的表，就可以在同一个事务中完成任务。数据库提供 ACID 保证：事务（transaction）是原子的（atomic）、一致的（consistent）、隔离的（isolated）、持久的（durable）。如果用户信息由于某种原因无法添加到账单表中，例如有重复或无效的值，数据库也可以简单地回滚事务。此时用户信息也不会存入 CRM 系统中。ACID 事务保证了边界内的一致性，单体架构可以利用此功能将复杂性转移到事务层。

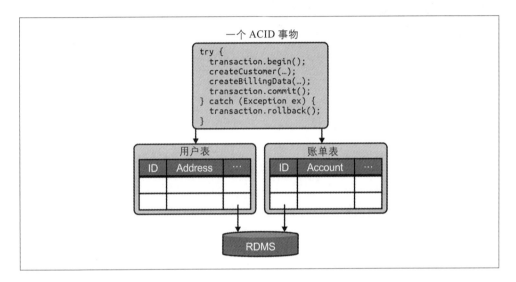

图 9-9：ACID 事务确保边界内的一致性

如果两个并发的线程试图写入相同的数据，数据库会保证其相互隔离，一般通过乐观锁（optimistic lock）或悲观锁（pessimistic lock）来实现。这会使得一个线程成功写入，另一个线程抛出异常。失败的事务会自动回滚，因为数据库操作是原子性的，意思是操作要么都完成，要么都没有完成。

这种架构使得实现原子操作、隔离不同的线程和保证数据的一致性变得很简单。业务逻辑可以将大量的复杂性转移到数据库的事务层。

但为了做到这一点，所有数据都要在同一数据库中，服务使用同一个数据库连接。这只有在单体架构中才可以实现，在分布式系统中是不可行的。

而在入网的例子中，CRM 和账单更有可能是两个独立的服务。入网服务通过远程通信访问它们。现在每个服务可能都有自己的 ACID 事务，但是没有联合在一起，如图 9-10 所示。

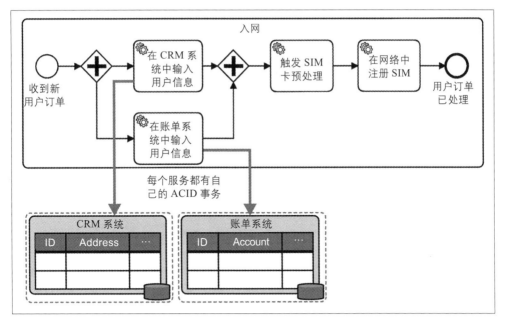

图 9-10：如果你跨越边界，则无法使用 ACID 事务

因此，客户可能会出现在 CRM 系统中，即使他们尚未在计费系统中创建。这违反了 ACID 属性中的隔离性，因为一些外部线程（或人）可能已经能够查看到这个状态。除此之外，你必须考虑当账单系统出现问题该怎么办，因为已经不能回滚 CRM 系统了，也就是说那条记录会一直留在那里。

这类挑战在现代系统中很常见，原因有几个：

- 组件更加分布式。即便有些技术提供分布式 ACID 事务，比如被称为 XA 的两阶段提交协议，但这些技术要么非常昂贵，要么非常复杂，要么超级脆弱。所以，普通的项目应该假定，当涉及远程通信时，ACID 事务是不可实现的。

- 不同的资源，如多个物理数据库实例或中间件（比如消息系统），通常无法加入一个共同的 ACID 事务。

- 活动变得长期运行，因为你必须等待异步响应或人工操作。而数据库中的 ACID 事务不能保持打开的状态，这不仅会产生死锁，还会导致事务超时。

- 活动变得过于复杂，无法在一个巨大的事务中处理。

总之，如图 9-11 所示，现代架构中的工作越来越多地分为多个任务，这些任务不合并到单个 ACID 事务中。这需要一种新的方法来处理业务层面的一致性。综上所述，现代架构中的工作越来越多地被拆分成多个任务，而这些任务并没有被合并到一个 ACID 事务中，如图 9-11 所示。这就需要用一种新的方式来处理业务层面上的一致性。

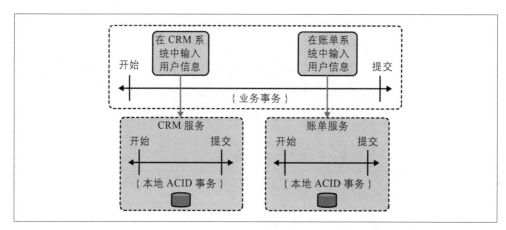

图 9-11：业务事务需要跨越边界，技术 ACID 事务只能在边界内进行

为了应对这种新常态，你必须：

- 降低对一致性的预期，因为在业务事务运行期间，并非所有的任务都是相互隔离的。

- 确保一旦开始，业务事务的所有任务要么都执行，要么都回滚。

我们将在接下来的章节中探讨其具体含义。

9.2.1 最终一致性

让我们来回顾一下。传统的事务将不同的客户端相互隔离。在提交更改之前，没有人能看到别人所做的修改（准确地说，大多数数据库允许你用所谓的隔离级别进行配置）。由于任务分散在多个远程服务中，没有这种程度的隔离。

这意味着，中间步骤所做的变更对所有人都是实时可见的。在我们的例子中，用户在 CRM 系统中已经可见，但还没有在账单系统创建。这违反了一个不变的原则，即用户要同时存在于 CRM 系统和账单系统中，不能只存在于一个系统中。所以这种状态就被认为是不一致的。

现在重要的是，要意识到这些暂时的不一致不可避免。你必须了解它们可能导致的失败场景。在这个例子中，在用户信息已经录入 CRM 系统但尚未进入账单系统的时刻，你还是可以为其开启营销活动。甚至即使最后他们的订单被拒，并且最终并没有成为活跃用户，他们仍然可以收到升级版的广告。

具有合理系统边界的良好设计需要确保其中间的步骤在外部世界中不会"有害"，也不会过早地出现不一致信息。或者至少需要了解这种情况会产生的影响。

此外，你必须要思考解决不一致的策略。最终一致性这一术语的意思就是，你需要采取措施，使系统最终回到一致的状态。在入网的例子中，这就是说，如果将用户添加到账单系统中失败的话，你需要在 CRM 系统中将用户暂停。这就会归于一致的状态，即用户在任何系统中都不可见。我们将在下一节中更详细地讨论这些策略。

9.2.2 处理不一致的业务策略

有三种处理一致性问题的基本策略：你可以无视、致歉或者解决。选择正确的策略是一个明确的业务决策，因为它们无所谓对与错，只是或多或少地适合当前的状况。你应该始终以成本 / 价值比为考量。让我们详细了解一下这三种选择。

无视不一致问题

虽然无视一致性问题听起来很奇怪，但它实际上是一个有效的策略。其问题在于不一致会产生多少业务影响。

在入网的例子中，我们可能会判断 CRM 系统中的一条无用记录不成问题，所以我们就留它在那。当然，其后果将是一些报告可能会显示不正确的数据（包含了不存在的用户），而营销活动可能会不断碰到被拒绝的用户。但是，业务上可能仍会判断这些影响可以被忽略，因为实际上这种情况很少发生（比如，每月一次）。有时，影响会随着时间的推移而累积，那就需要在之后进行对账工作以恢复一致性。

请注意，我不是建议你忽略一致性问题。但显然，忽略不一致性是一个相当容易实现的策略，在某些情况下，节约开发成本并承担一些不一致的问题可能是一个有效的业务决策。

图形化流程模型可能有助于这一决策，因为它们能将可能的情况展示出来，帮助你看到任务及其顺序还有可能发生失败的地方。

致歉

第二个策略是致歉。这是无视策略的延伸。你不试图阻止不一致，但要确保在它们的影响被发现时去表达歉意。

例如，我们可以决定忽略 SIM 卡注册时的故障，并等待用户投诉。当他们打电话来时，我们道歉，并给他们寄一张 10 美元的代金券，然后手动触发注册。

显然，这不是一个很好的例子，但在某些情况下道歉是一个很好的策略。同样，这往往是与成本 / 价值比有关的问题。在 98% 的案例中，不进行一致性控制，接受几个昂贵的道歉的成本可能会更便宜。这有点像航空公司超额预订飞机。

解决不一致问题

第三种策略是直面问题，积极解决不一致问题。这可以通过不同的方式实现，例如前面提到的对账作业。对账作业通常作为批处理作业运行，其缺点在 5.1.2 节中有过描述。

下面几节介绍另外两种策略，它们可以在实例层面上解决不一致问题，无须等待任何批处理的运行：Saga 模式和发件箱模式。

 选择一致性问题最佳解决策略是一个业务决策。它往往与流程的数量和业务价值有关，也与不一致问题潜在的业务影响有关。这个决策需要业务利益相关者的参与，不能由 IT 部门单独做出。类似 BPMN 所提供的那种可见性将有助于你选择。

9.2.3 Saga 模式和补偿

Saga 模式描述了分布式系统中长期运行的事务。其主要思想很简单：当你无法回滚任务时，就撤销它们。

BPMN 通过补偿事件来支持这个模式，补偿事件可以将任务与对应的撤销任务关联起来。图 9-12 展示了入网例子的对应内容，鉴于错误可能在任何时候发生，所有受影响的任务都需要适当清理。工作流引擎将确保执行所有必要的撤销动作。

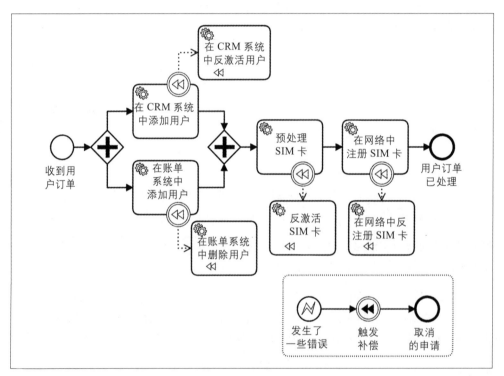

图 9-12：使用 BPMN 流程实现的 Saga：定义补偿任务

这种撤销并不一定意味着完全回滚。SIM 卡可能已经发运给客户，因此你只能停用它。补偿还可能涉及多项任务，例如通知客户。

补偿逻辑将使你的流程模型更加复杂。这是不可避免的，如同生活一样：没有 ACID，业务事务会变得更加复杂，因为回滚基本上被转移到了应用层面。

当然，你并不一定需要工作流引擎来实现 Saga 模式。正如 5.1 节中所指出的，总有其他的实现方案。但工作流引擎有很大的帮助，原因有以下几点。首先，在远程通信场景中，你通常需要引擎提供的长期运行能力。其次，在讨论业务事务或解决不一致的策略时，可以使用可视化的图形流程模型。

9.2.4 使用发件箱模式链接资源

另一个有趣的模式是发件箱模式（outbox pattern）。假设你构建了一个执行某些业务逻辑的服务，它会将结果持久化在一个关系型数据库中，然后在事件总线上发送一个事件。正如本章前面所解释的，你不能对两个使用不同资源（这里指数据库和事件总线）的任务使用 ACID 事务。但这里最重要的是，整个过程其实是原子的，即要么业务逻辑已经完成，事件已经发送，要么两者都没有发生。

发件箱模式可以解决这个问题，如图 9-13 所示。在这种模式的典型实现中，服务将需要发布的事件写入领域数据所在的关系型数据库中，但需要写入另一张单独的表。这个表就被称为发件箱。表在同一个数据库中，服务就可以使用数据库的 ACID 事务，持久化业务逻辑的结果以及写入事件可以是原子的。只有在数据库事务成功后，才会使用某种调度机制执行事件发布。调度器会发送事件并从发件箱表中删除事件。

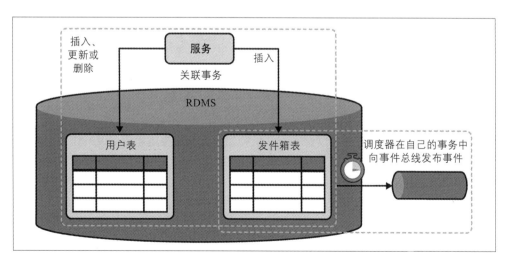

图 9-13：发件箱模式将一致性级别提升为至少一次

这里有两个重要特征需要识别。首先，发件箱保证事件肯定会被发送，但它发送的事件可能会靠后（你识别到其中的最终一致性了吗？）。其次，在某些故障场景下，事件有可能被发布两次——例如，调度器读取了发件箱表，在总线上发布了事件，但在提交对发件箱表的修改之前就崩溃了。这种事务语义被称为至少一次（at-least-once），因为这种设计确保事件肯定至少被发送一次，但会有可能因为故障而被发送多次。

如图 9-13 所示，实现发件箱模式涉及数据表、调度机制，通常还有一些额外的监控功能。你可能已经注意到，这看起来有点像我们在 1.2 节中讨论的。

你还可以利用工作流引擎。这样的话，你根本不需要一个单独的发件箱表。相反，你在一个流程模型中以原子方式表达所有需要执行的任务，如图 9-14 所示。

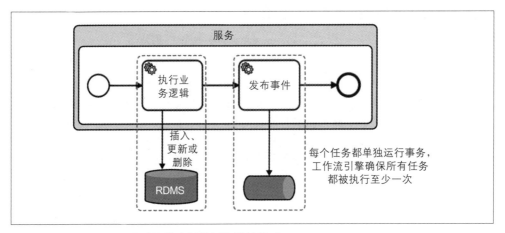

图 9-14：你可以使用工作流引擎来替换对发件箱模式

工作流引擎将负责执行这两项任务。首先，业务逻辑将被执行并提交结果。只有当这一过程成功时，事件才会在第二个任务中被发布到事件总线上。如果有什么任务在这个时间点崩溃了，工作流引擎会将状态持久化，记住业务逻辑已经完成，事件仍需要发布。简而言之：工作流引擎将在正确的任务上重新开始。这就实现了所有任务执行至少一次的语义，与发件箱表结果一致。

总而言之，你可以将所有需要以原子方式执行的任务表达为流程模型中的任务。当然，两个以上的任务也是可以的，工作流引擎将确保所有这些任务最终都会被执行。无须实现特定的基础设施（如发件箱表或调度器）就能实现发件箱模式。同时，你还能使用工作流工具的监控和运维能力。

9.3 最终一致性适用于各种形式的远程通信

过去，有人试图将远程通信的实际内容隐藏在框架后面。例如，在你的源代码中，REST

调用可能看起来像本地方法调用一样。开发者得到的感受是他们执行完就能立刻得到结果，并可以直接在下一行代码中使用这些结果。这使得开发者忘记分布式系统的复杂性。

让我们快速看一个例子以展示潜在的问题，先从一个简单的 REST 调用开始。假设这是一个支付服务，它可以执行信用卡扣费，作为支付流程的一部分。为此，服务需要通过 REST API 调用信用卡服务。

现在假设这个 REST 调用产生了网络异常。我们无法得知网络问题是在向信用卡服务发送请求时产生的，还是在获取响应时产生的。甚至可能信用卡服务在处理请求时崩溃。换句话说：你不知道信用卡是否成功扣费。

你需要决定处理这个问题的策略。在这种情形下，不能无视这个问题。相反，你希望确保系统处于一致的状态。实现这一目标有多种可能性。也许检查是否进行了扣款来确定是否需要清理是有意义的。你也可以利用信用卡服务提供的清理 API。你还可以取消扣款，并忽略任何表示此收费不存在的错误。具体的实现取决于信用卡服务的 API，但重要的是要处理这个问题。图 9-15 展示了信用卡扣费失败时进行清理的一个可能的流程模型。这个例子很好地说明了你在进行第一次远程调用时就进入了最终一致性的世界。如本章所述，这就需要你思考解决不一致问题的影响和业务策略。

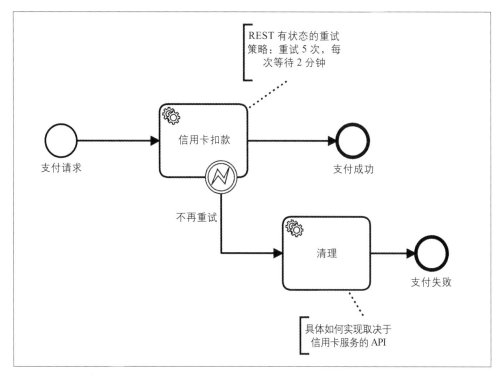

图 9-15：即使发生了网络错误，业务逻辑也可能已经触发，因此你可能需要恢复一致性

9.4 幂等性的重要性

本章讨论了重试和至少一次的语义。在这方面，你还需要了解幂等性。维基百科将幂等操作定义为"可多次执行而不改变第一次执行结果的操作"。

简而言之，这意味着重复调用来实现同一个操作不会产生其他问题。在分布式系统中，重复调用是不可避免的。我们已经研究了同步 API 的刻意重试，也讨论了消息的重新传递。这些都是用来处理远程通信的不可靠特性的重要策略。

重试迟早会导致重复调用。这就是为什么你必须考虑远程调用中每个操作的幂等性。

有些操作天然是幂等的。查询不会引起副作用，因此可以很简单地重试。请注意，幂等性并不意味着结果必须完全相同。查询可能在几秒后返回不同的结果，因为系统的状态可能已经改变。

删除通常也是幂等的，因为你无法再次删除同一实体。但响应可能有所不同：重试可能会返回找不到实体的错误，而不是删除成功。

其他操作本质上不是幂等的，比如信用卡扣费。在这种场景中，一个典型的策略是在客户端生成唯一的 ID，并将其发送给信用卡扣费服务。如果这个服务有自己的状态来记住调用，就可以检测到重复的请求。无状态服务则面临一些挑战，因其可能需要引入专用状态来检查重复。

建议不要依赖业务的负载来检查重复调用。如果在几毫秒内有两笔相同金额的信用卡扣费，这可能是一次重试，但你永远无法肯定。也许有人在完全相同的时间预订了两张价格完全相同的机票。

 每当你为服务设计 API 时，请确保其设计支持幂等性。如果服务不提供此支持，客户端就无法修复错误。结果就是，你必须猜测哪些调用可能是重复的，这可能会导致许多问题。

一个好的工作流引擎也提供幂等操作，这样你就可以确保只为一个给定的 key 启动一个流程实例。其他操作（如完成任务或关联消息）都是天然幂等的。如果流程实例已在流程中移动，则无法再次完成相同的任务。即使你的模型中有循环，并再次到达同一个任务，工作流引擎也会为其分配不同的实例 ID。尽管这听起来可能很简单，但重要的是在设计任何 API 时，始终牢记要考虑幂等性。

9.5 结论

工作流引擎可以帮助开发者解决分布式系统和远程通信相关的挑战。

本章描述了如何利用 BPMN 来帮助处理常见的通信模式或消息交换模式。进一步展示了如何利用自动化流程来恢复一致性或实现 Saga 模式、发件箱模式,还强调了幂等性的重要性。

本章介绍的工作流引擎案例比典型的业务流程自动化项目的规模要小,但仍然证明了使用流程自动化技术的合理性。

第 10 章

业务 -IT 协作

在每个 IT 项目中，不同的角色之间需要协作。协作是项目的关键点。它影响整个开发工作、最终的质量和发布产品的时间。简而言之，这是成功的关键因素。但正如维基百科业务 -IT 对齐中所指出的：

> 由于目标、文化和激励措施的不同，以及双方对对方知识体系的无知，IT 和业务专家往往无法弥合他们之间的鸿沟。这种鸿沟通常会导致昂贵的 IT 系统不能提供预期的投资回报。

本章将讨论以下内容：

* 描述一个典型的项目和其中涉及的角色，以建立共同的理解和使用相同的术语。

* 显示可视化模型如何帮助改善合作，不仅限于业务和 IT 之间的合作，还有 IT 和 IT 之间的合作。

* 为方便各种角色理解模型，提供一些创建流程模型的指导。

10.1 一个典型的项目

让我们回到 1.4 节中展示的虚构项目 SBB。假设 SBB 从 4 年前就有了这个想法，并建立了一个临时的 PHP 应用程序（请注意，这个故事中的大部分内容，如果换成一家有百年历史的、使用大型机的保险公司，也不会有太大的不同）。在开始进入市场时，PHP 应用程序为公司提供了很好的服务，但很快就出现了问题：它无法适应不断增长的用户数量，对代码进行任何修改都很困难，而且它无法被拆分成可以由不同团队维护的小组件。也就是说该公司无法扩大开发团队。

因此，SBB 首席执行官 Charlie 宣布了一个大项目，要从零开始重写整个订单履约流程。

并考虑使用微服务架构将逻辑分成更小的组件，使其协同工作。

第一步，先定义库存和发货微服务，将 PHP 单体应用中的逻辑重构到这些服务中。几乎没有触及与硬件按钮的通信部分，因为这些设备已经广泛分发给了现有的用户——所以这里仍然是 PHP。

Charlie 希望你成为订单履约服务的项目负责人，这是公司的核心和灵魂。这听起来让人既兴奋又害怕，但你决定承担风险，义无反顾地投入其中。

你做的第一件事是打电话给 Ash（一位杰出的业务分析师，你在公司坚定的盟友之一）。你们开始一起在公司到处交流。首先，你拜访了无数的 PHP 开发人员，因为你必须做一些重要的挖掘来梳理当前系统是如何处理订单的。你首先检查了文档，但它已经过时太久了。大多数开发人员都很高兴能帮助你完成项目改进，并带你了解他们所知道的情况。遗憾的是，他们经常将现有实现的细节与对未来场景一厢情愿的想法混为一谈。庆幸的是，Ash 与你在一起，并且他有让人们回到正轨的经验。经过了漫长的一天，你得到了第一个流程模型。你有意在建模工具的草图模式下建立它，因为你知道这样会更易于讨论，因为人们往往较少对看似未完成的事情提出反对意见。结果如图 10-1 所示。

第二天，你和 Ash 去找 Reese，Reese 负责营收，因此对订单履约非常感兴趣。你带着他们二人参观流程模型，他们对这个模型也非常感兴趣。Reese 提出了该流程中的重要里程碑以及目标和关键绩效指标（KPI）。总之，一切走上了正轨，午餐时还花了点时间感谢本书教给你流程自动化和 BPMN。

之后，你找到了库存团队，询问如何能与他们的服务集成。使用流程模型，你可以很容易地向他们展示你想从库存中提取货物的时机，还可以解释为什么你不需要提前储备货物。他们将 wiki 文档地址发送给你，其中包含了如何调用他们的服务的准确信息。一切非常顺利！

你感觉是时候开始了。你想起了你的同事 Ariel 谈及过一个令他们兴奋不已的流程自动化厂商。你立刻打电话给该厂商，讨论你的项目和环境。你了解到这个厂商使用了 BPMN 模型，这很重要，因为到目前为止 BPMN 都为你服务得很好。最后，你确定这是一个好方案。你找到 Charlie，提出要进行概念验证，并且每个人都要参与进来。

两周后，厂商的顾问 Dani 与你其中一名开发人员 Kai 结对。你们三个人大部分时间都在一个房间里实现流程模型，并很快建立了开发项目并添加了流程模型。你写了一些胶水代码来调用其他微服务。为了对接硬件按钮，你还写了一个可以被 PHP 应用调用的 API。你甚至为整个流程写了一些单元测试。在第二天结束的时候，你已经能够处理一个真正的订单了！你兴致勃勃地计划让这个实验项目实际运行一下，向它发送每个真实订单的副本。这样你就可以简单地验证它能否处理你的负载。

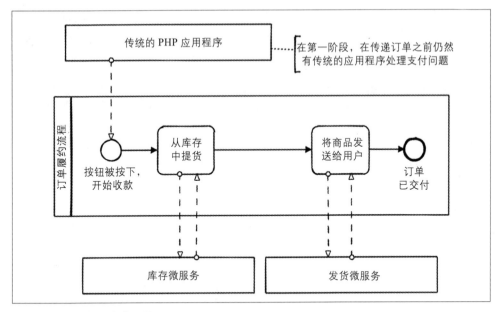

图 10-1：你的第一个流程草图

你简要检查了部署此类应用程序的需求，并开心地了解到公司倾向于使用云计算的方法，如此你可以轻松地运行一些容器。为了实现这些，你要求 Kai 建立一个 CI/CD pipeline，在每次对流程或相关代码进行修改时，自动构建 Docker 镜像。

但你开始有点担心，因为这个项目涉及公司的核心业务流程。你问自己：如果流程实例被卡住了怎么办？如果某些服务，如库存服务，无法使用怎么办？如果用户询问他们的订单状态怎么办？

你安排了与 Georgie 的午餐，他是负责那个传统的 PHP 应用程序的运维主管。你想了解这个应用程序目前是如何运维的。Georgie 告诉你他们搜索日志文件、寻找异常、直接查看数据库以及猜测潜在的修复方法。他们有一个 wiki 页面，列出了常见问题和相关的解决方法。对于 wiki 上没有的东西，他们只需填写一个表单，让开发人员去查。Georgie 看起来相当疲惫，对此你并不惊讶。你迅速拿起你的平板电脑，给他看工作流厂商提供的运维工具。你准备了一些失败的流程实例以便进行说明。你解释了如何操作能自动发出通知，他们如何理解流程模型，以及他们可以如何采取措施。

几天后，你成功地让 Reese 参加了一次会议（Reese 是负责营收的）。你向他们展示了实验案例，但查看的是录入了真实数据的分析工具。图 10-2 展示了分析工具中的可执行模型。

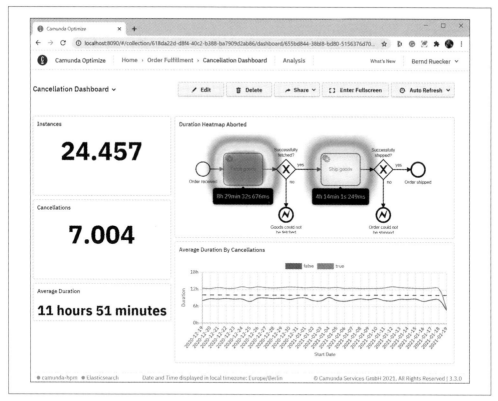

图 10-2：展示真实数据的可执行流程模型

Reese 很兴奋，当场研究了一番数据，发现当从库存中提取的时间超过 6 小时时，订单取消率会突增。掌握了这些数据后，Reese 希望能与库存团队一起解决这个问题，并对更换传统系统感到兴奋。

在接下来的两个星期里，你设法把所有缺失的组件开发了出来，并提高测试覆盖率，对接通知和监控系统，为了对接生产流量，你把一切都部署在可弹性扩缩容的公有云基础设施上。

故事的寓意

这个故事清楚地展现了图形化流程模型是如何促进不同干系人之间的合作的。

项目负责人（你）开心于快速推进整个项目，减少误解。在流程建模的早期阶段进行了更多的努力，例如讨论模型，但因为需求非常明确，所以在实现时反而进展更快。从整个生命周期来看，未来的变更也将更容易整合，不需要进行一番考古挖掘。

业务分析师（Ash）开心于让大家谈论同一个模型，这有利于统一语言。流程模型对收

集、讨论和记录需求有很大的帮助，使用 BPMN 可以确保这些需求是清晰且连贯的。

开发人员（Dani 和 Kai）开心于流程模型可作为正常开发项目的一部分轻松执行。他们可以在熟悉的技术栈中开发，并使用卓有成效的最佳实践。可视化模型可以帮助他们直观地理解流程，甚至能帮助他们浏览其来源。他们看到了活文档的优势，回忆起过去没人知道某些东西是如何实现的痛苦。

运维或基础设施团队（Georgie）开心于他们能够了解事件发生的位置，对问题具有可见性，以及可以轻松解决这些问题。即使在他们无法提供帮助的情况下，也可以很容易地分享一个深入展示问题（包括上下文）的链接，这使得事件处理变得更加容易。

高管（Charlie 和 Reese）开心于项目顺利进行，由此产生的流程切实有效，每个人都在参与其中。当然，他们也开心于这样一个事实，即他们现在可以监控许多 KPI，这不仅可以评估当前的性能，还可以分析瓶颈。

我承认这个故事有点理想化，但它并非不现实。我看到许多项目都是以这样的情节展开的。

10.2 所有人：BizDevOps

让我们透过业务、开发和运维（简称 BizDevOps）之间的合作更细致地讨论一下流程自动化工具的价值，如图 10-3 所示。

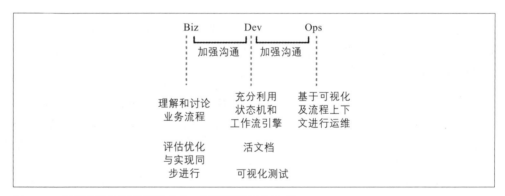

图 10-3：可视化流程模型促进业务、开发和运维的协作

10.2.1 开发

开发者利用图形模型可以与其他开发人员沟通当前的项目，也可以作为可视化辅助工具帮自己回想一年前所做的事情。可执行流程模型是活文档，当流程发生变更时，它不会像其他没有与代码关联的架构图一样逐渐过时。即使是最规范化的开发流程，在程序需

要紧急修复的情况下也无法避免遗忘更新文档。

图 10-4 是一个很好的例子，说明了图形模型对开发人员的价值。它是图形化的测试结果，展示了单个测试用例具体的执行情况。

这在添加到 CI/CD pipeline 时会很方便，因为在流程测试失败时，它不仅能让开发人员迅速识别问题所在，还能确定哪条路径导致了失败。

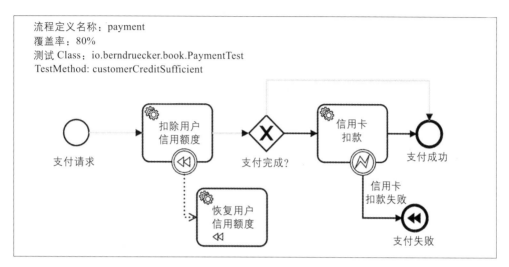

图 10-4：图形模型可以帮助开发人员理解失败的测试用例

10.2.2 业务

可见性也能有力推动业务分析师与其他业务利益相关者（如项目发起人、业务部门、高管或项目负责人）之间的沟通。

有一个奇怪的现象：使用流程模型的项目在最初分析阶段常常出现工作量激增的情况。流程模型不是应该帮助减少工作量吗？

事实上，由于图形模型很容易理解，项目组往往会在流程设计早期发现流程设计存在问题，比如设计缺乏清晰度。这就需要进行一轮又一轮的讨论，自然需要的时间就更多了。这不是停滞在分析阶段，而是在不断改进模型，为项目的后期避免了很多麻烦。在前期对模型增加的投入在后续能得到更好的回报。

说到这里，你可能会想起软件工程里的瀑布式开发（试图在项目的最开始就将准确的需求确定下来）。事实证明，在大多数情况下这种方式都是失败的。敏捷开发（增量开发软件，在开发过程中持续接纳新的变更）被证明是更成功的，也适用于流程自动化项目。

我想强调的是，敏捷并不意味着不分析。你在开始时不能只顾实现，这样很难获得预期的结果。各取所长才是上策，在前期你要对整个项目有一个粗略的了解，在之后的增量开发中要进行详细分析。

业务人员还可以从活文档中受益。每当你需要将新的需求融入已发布的流程时，你都能查看现有模型。如果你的工具可以做到的话，你甚至可以把最新的模型嵌入像Confluence 这样的 wiki 中。这样，每个人都能轻松指出需要在何处做怎样的变更，再也不用像考古一样了解现状。

还有一个好处是，工作流引擎记录了大量审计数据。这些数据可以在图形模型叠加展示，如图 10-5 所示。这是分析瓶颈、推进迭代以及改进优化的坚实基础。

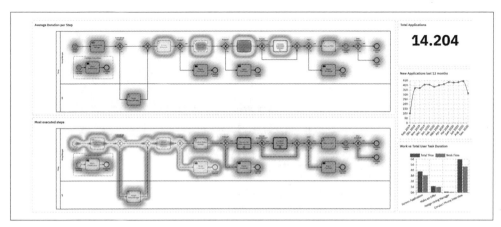

图 10-5：图形模型为业务分析师提供洞察力，使其能够改进流程

10.2.3 运维

在谈论业务 -IT 协作时，运维团队（也称为基础设施团队）经常被遗忘。他们进行着一项非常重要的工作：确保生产环境中的一切平稳运行。每当问题出现时，总要有人来找到并修复问题。

以往，运维人员需要根据数据库中的日志文件和数据开展工作。这限制了他们理解整个流程以及自己解决问题的能力。解决故障的唯一方法就是让那些对应用程序了如指掌的开发人员参与进来。

使用可视化的图形流程能帮助运维人员在上下文中理解事件，其中包括流程模型、历史信息、附加到流程实例上的数据，以及有关错误或异常的详细信息。图 10-6 展示了一个例子。

工作流工具能让运维人员轻松修复某些问题。例如，在服务的暂停中断过后，他们可以触发数千个流程实例的重试，或者他们可以使用图形界面修复流程实例中损坏的数据。

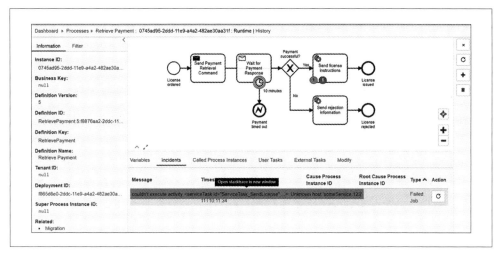

图 10-6：图形模型帮助技术运维

你的公司可能采用 DevOps 模式，也可能正试图通过云计算或无服务器方案来减少运维工作。在这种情况下，使用更通用的工具来减轻运维的负担就更加重要了。它让团队中的每个人都能检测、分析并修复其中一些问题，而且并不需要对源码多么熟悉。

总之，工作流工具方便了开发人员的工作，将业务人员纳入 IT 项目中，使运维人员能够很好地完成工作。

流程自动化生命周期

这是一个谈论流程自动化生命周期的好时机，图 10-7 展示了可视化流程模型在其生命周期各个阶段的价值。

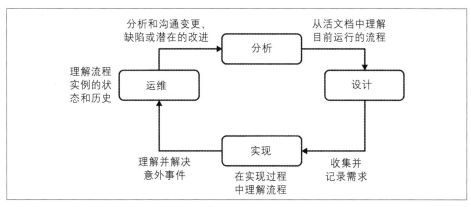

图 10-7：在项目或开发迭代的不同阶段中可见性的价值

一个典型的项目有4个阶段：首先分析需要做什么，第二步设计一个具有针对性的流程，第三步是将其实现（包括部署），最后是持续维护（在生产环境中）。这个过程中还会出现在分析设计阶段没有观察到的点，你需要设计实现它们，并继续维护。如此不断地循环。这就是一个典型的PDCA周期（Plan，Do，Check，Act）。

同样，这个生命周期指的并不是瀑布式开发，它不需要你在实现整个应用程序之前经历数月的分析。与其说它是漫长的一次性开发过程，不如说更像敏捷开发，它期望每个迭代和每个增量过程都经历这样一个生命周期。例如，应用在Scrum（一种著名的敏捷开发方法）中，先为下一次冲刺阶段进行分析和设计，在为期两周的冲刺阶段实现它，并在之后立即部署到生产环境，然后再进入下一轮迭代。

你可能在很多地方看到过这个生命周期图。事实上，大多数流程自动化书籍甚至可能会从这个图开始讲述。我把它留在了本章，现在你可以以此为参考了。

10.3 一体化模型的力量

在观察过成功的项目后，我得出一个重要的结论，业务人员和开发人员之间的协作绝对不是一方迫使另一方接受定义好的模型。成功来自真正的合作。开发人员不仅要考虑架构和技术因素，还要考虑业务流程。而业务人员也必须理解技术因素，比如为什么某个流程模型需要进行变更才可以执行。这种相互理解本身就是巨大的收益。

合作不是为了决定谁对而进行对垒，合作是为了对建模决策取得共识。这样你才能设计出让所有人都认可的模型。

关键的成功因素之一是不要妄想两个不同职责的模型共存：一个捕捉业务需求的"业务模型"和一个可执行的"技术模型"。事实上，这种情况在许多公司都存在。流程景观PPT也助长了这种想法，这种PPT会带你穿过层层叠叠的流程，一路下去直到可执行流程——大型咨询公司推广的都是这种概念。事实上，高层次的战略模型是有其意义的，很适合印在纸上，能让每个人对流程的源起和目的有一个大致的概念。但需要注意的是，这个模型更像是一部电影的预告片；它可能突出地展示了某些方面，但并不是真的在反映剧情。流程在操作层面的具体实现可能会大不相同。

在操作层面上，有一个单一的、全面的模型是很重要的。当然，这个模型可能有不同的表现形式，甚至可能运行在不同的环境中。例如，业务分析师可能在他们的BPMN建模协作工具中处理*MightyProcess*，开发人员在他们的Git仓库中处理*mighty_process.bpmn*，运维人员在他们的运维工具中处理*processes/mightyProcess*/1。从物理上看，它们是处于不同位置的不同文件，但这如同源代码部署在不同的服务器上一样。在逻辑上，它们是同一个模型。

最重要的是，这意味着这些文件都共享相同的内容。没有翻译，没有转换，没有任何无法言说的技巧。不同的人同时工作在不同的物理"副本"上，但这就像源代码的 fork 或 branch 一样，你必须要考虑设定一个时间点来同步模型、合并变更。它是可行的，虽然并不是每次都很轻松。实际上，一般有一个主模型就足够了，比如使用开发人员的 Git 仓库。每当业务分析师进行过变更，当你想合并这些更改时，将其合并至主模型即可。

 注意不要陷入那些无休止的争论中，比如这种合作到底应该如何进行，不同的模型如何自动同步，或者业务分析工具和技术建模工具之间如何同步内容。虽然这些都很重要，但在学习流程自动化的过程中，过早过多的讨论会让项目停滞不前。往往在完成几个成功的项目后，这些方法就会稳定下来。

从流程金字塔到房子

2010 年，我和 Camunda 的另一位联合创始人一起写了一本关于 BPMN 的书。我们发布了如图 10-8 左侧所示的金字塔，它推崇的就是多级流程模型。

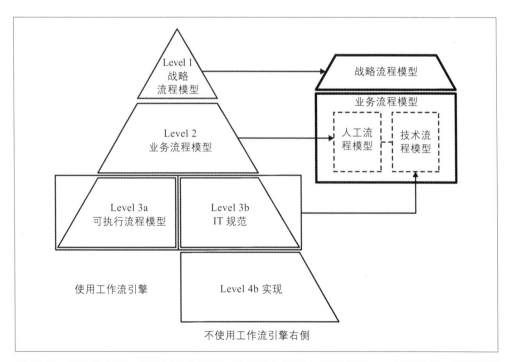

图 10-8：经典的插图，如左侧的金字塔，建议将业务和 IT 模型分开——最好使用一个集成模型，如右侧的房子（来自 *Real-Life BPMN*，第 4 版）

我们后来了解到，这个插图意味着业务部门要将一个模型扔过栅栏给 IT 部门实现，这恰恰就是失败之处。所以我们把这张图改成了一栋房子，如图 10-8 右侧所示，它是一体化模型，只是将业务模型分为了人工流程模型和技术流程模型。这样做的效果要好得多。

那么什么是人工流程模型，什么是技术流程模型？人工流程完全由人处理和控制，而技术流程由软件处理——例如工作流引擎。人工流程和技术流程往往相互作用，以实现业务流程各个重要的方面。例如，人工操作者可以通过点击任务列表中的按钮触发工作流中的技术流程。同样地，技术流程也会因为需要一些人工操作而创建人工任务。

BPMN 能让你在一个大图表中建模所有的流程，这个图表叫作协作模型。从技术上讲，你还是单独创建流程，只不过将它们放在一个图上并表达通信关系。图 10-9 展示了用户入网流程。

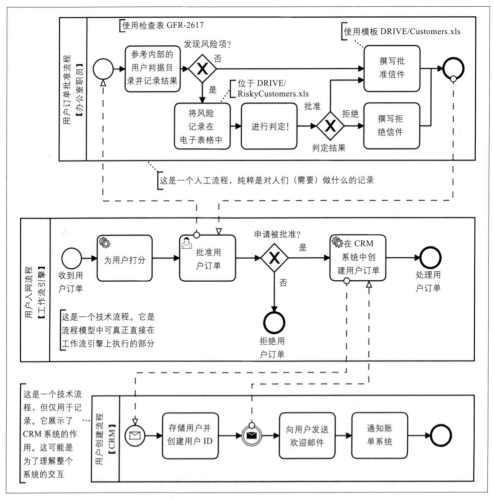

图 10-9：包含人工流程和技术流程的 BPMN 模型

在 BPMN 中，这三个矩形被称为泳道（pool）。每个泳道都是一个完整的流程。你可以将每个流程视为整个业务流程的一个具体视角。

顶部的流程是一个人工流程，它描述了办公室的职员是如何执行批准流程的。它能让每个人都了解其中正在发生什么，了解它如何对其他流程产生影响。例如，它清楚地展示出批准信是手动发送的，因此不能成为自动化流程的一部分（我并不是说这是最高效的流程，但现实往往就是这样）。人工流程模型也用于工作说明，这就是其中为什么提到要使用哪个模板。

底部的流程展示了 CRM 系统的实现细节。虽然这是一个技术流程，但它仍然只是为了记录，因为 CRM 系统并没有使用工作流引擎。了解业务整体还是很有帮助的，因为往往有很多事情是在幕后执行的，了解这些事情才能设计好你的可执行流程。在这个例子中，你可以看到 CRM 已经发送了一封用户欢迎邮件，所以你不需要在其他地方再做一遍。

中间的流程是运行在工作流引擎上的可执行流程，正是前面提到的例子。它通过消息流与其他流程相连，从技术上讲，这可能代表着很多东西，从用户界面、电子邮件到 API 调用或消息。由于这是唯一一个直接在工作流引擎上运行的流程，所以它是唯一一个需要精准描述的流程。所有其他流程都是记录，只为供人理解，所以它们的内容更加自由，例如，它们只需着重展示能体现整体业务交互的内容。

需要注意两点。协作模型利用了 BPMN 的很多特性，而创建这样一个协作模型可能并不是你学习 BPMN 的第一步。另一方面，这种模型展示了不同执行者（无论是人类、工作流引擎还是其他软件组件）之间互动的方式，它非常强大，可以帮助每个参与者真正理解整个业务。

与可执行技术流程不同，这种协作模式在系统的生命周期内很少保持更新。它是可执行流程模型设计时的一个好工具。

10.4 谁来建模

目前为止，你应该对流程模型如何影响软件开发方法、如何促进协作，以及如何直接执行这些模型有了很好的理解。

在这种背景下，往往会引出其他问题：谁来创建可执行的模型？业务人员真的可以自己建模吗？如何保持一个模型的所有物理副本及时同步？模型的所有权归谁？为了掌握这一切，我需要学习些什么？

为了寻找答案，让我们来看看业务分析师和开发者通常如何处理流程模型。首先让我补充一个简短的免责声明。在过去的 10 年中，我了解到不同企业的角色各不相同，不仅是在职责上，在称呼上也是如此。即使具有相同称呼的角色其职责也可能完全不同。当然，每个履行角色职责的人也都会以他们自己的方式来工作。此外，在小型项目中，一个人可能会履行几个甚至所有角色。这都是可以的，但我确实需要为一些角色命名，这样才能继续讨论。

业务分析师思考业务需求，专注于"是什么"和"为什么"，尽量忽略"怎么做"（为解决方案留下空间，让开发者决定如何进行选择）。业务分析师通常是创建流程模型初稿的人，当然，这也会塑造可执行流程。这时，他们应该与开发人员一起工作，以纠正错误。我见过最好的研讨会是由分析师和开发者一起参与的，他们共同创建了流程模型的第一个版本。其中加入最终用户、行业专家和运维人员来获得更多的视角也很有价值。这种研讨会促进了对其他各方所面临问题的理解。例如，业务分析师可能会了解到为什么在当前的 IT 生态系统中很难实现某个流程，而开发人员可能会了解到法律要求是导致流程如此复杂的原因。这些洞见本身就有巨大的价值。

开发者负责使模型可执行。当尝试执行初始模型时，他们经常能发现模型中的缺陷。例如，他们可能会发现某个 API 需要流程中没有的其他参数，或者某个 API 不能按照设想被调用。需要授予开发者在必要时可以调整模型的权力。这不仅是指能够添加属性使模型可执行，还意味着要能够调整模型，使其能够应对现实世界的挑战。

当然，所有的变化都需要反馈给业务分析师。每次变化都必须有一个可以向所有干系人解释的理由。随着时间的推移，这能在业务分析师和开发者之间建立共识和统一语言，这本身就是一笔巨大的财富。这还能对建模的最佳实践进行充分讨论，这样自然会产生一个被各个角色所接受的模型。一旦业务部门理解了模型中技术任务背后的原因，他们就会容易接受这些。

调整后的模型是以后改进的基础。在敏捷项目中，你可能会以增量的方式开发流程解决方案，这表示你在每个冲刺阶段都会有关于调整的沟通。此时，你就可以同步前面提到的各种物理模型文件。具体怎么做取决于工具栈，但一般来说，最简单的方法效果最好。例如，开发者可以在每个可执行模型发布后立即将其发送给分析师。然后，分析师把所有的变更应用于当前版本的模型，以便在下一次迭代中进行改进。一些工具在这方面提供了便利，比如支持模型的版本化、差异化、合并，甚至自动回滚。这当然有帮助，但重要的是，你必须找到自己的方法并坚持下去。纪律比工具的功能更重要。

 关注可执行模型，你需要避免让业务分析师覆盖或删除那些在他们的工具中不可见的技术属性。这就是为什么可执行模型的所有权必须归开发者所有。

10.5 创建更好的流程模型

许多不同角色的人都需要理解你的流程模型（理想情况下应该无须进一步的解释），这些模型是具有很长寿命的人工制品。因此，你有充分的理由在改进流程模型上投入思考和时间，本节给出了一些提示。

不过，你也应该确保不要过度。请记住温斯顿·丘吉尔的话："完美是进步的大敌。"换句话说：一个正在生产环境中的不完美模型比一个从未被执行过的完美模型更有价值。

10.5.1 将逻辑提取（集成）到子流程中

对于任何流程模型都要问的基本问题之一是：哪些部分要放在当前的模型中？哪些部分放在代码中更好？是放在一个单独的流程模型中再去调用，还是放在一个完全不同的服务中？

我们已经在 3.2.4 节中讨论了流程建模语言与编程代码，并在 7.3.1 节中提到了服务边界。两者都是需要考虑的重要方面。而本节探讨了在同一服务边界内提取部分流程、创建独立流程模型的可能性。

让我们再来看一下用户入网的例子。假设在 CRM 系统中创建一个用户所涉及的不仅仅是一个简单的服务调用。因为 CRM 系统有一个笨拙的 API，它要求你首先创建用户，然后才能发送所有的用户数据。而所有这些都是异步的，也就是说你要先发送一条消息，然后等待结果。当然，这种遗留的系统运行很慢，响应可能需要等待一段时间。有时消息还会在通道中丢失，因为使用的消息中间件有很多 bug。

图 10-10 展示了处理这些细节的独立流程，它可以避免污染主流程。将调用 CRM 系统的技术细节提取到一个独立的模型中，然后从申请流程中调用它。这样，你就可以让入网流程中的所有任务保持相同级别的详细信息，使该模型更容易使用。这使用了分而治之的策略，有助于获得人们易于阅读的模型。

将逻辑提取到独立的模型中还有另一个原因：可复用性。例如，假设你需要在流程模型的多个地方使用 CRM 系统创建用户。

这个用例引出一个相当有趣的问题：你是想在流程模型级别上实现这种可复用性，还是为用户构建一个全局可用、有合适的 API、没人需要关心其中包含一个工作流引擎的独立服务？是的，事情可能就是这样的，正如第 7 章所讨论的。请记住，BPMN 中的子流程只有在所有逻辑都在同一边界内时才是合理的选择。

除此之外，对于何时将逻辑提取到独立的模型中并没有硬性规定。这就像编程一样——代码何时该重构为独立的方法没有硬性规定。

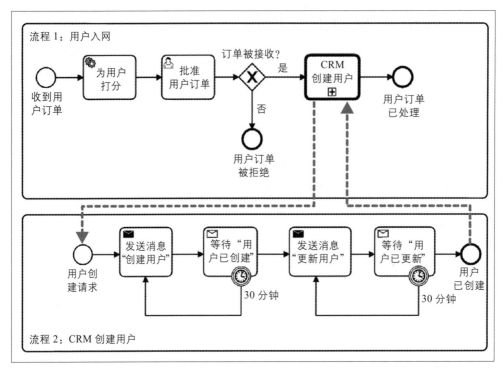

图 10-10：用户入网流程一种可能的实现

有时，这是一个品味的问题。有些人更喜欢大模型，包含所有的细节，然后应用建模惯例来保持它们的可读性。这样做的风险是，这些流程模型对于浏览它的人太有压迫感。另一些人喜欢创建大量的子流程，这样可以获得一个干净的主流程，但这也在另一方面导致了读者需要浏览大量模型的风险。某些情况下，这也使得建模更加困难，例如，如果有一个取消请求发送过来，流程模型会不断地反向传播。

我的建议是，如果可能，则避免使用子流程，但如果有显然不同粒度级别的逻辑，则应引入子流程，因为这会创建更容易理解的流程模型。

10.5.2 区分结果、异常和错误

还有一个领域是现实生活中诸多讨论的来源：处理偏离乐观路线（Happy Path）的问题。乐观路线是一种具有积极结果的默认情况，因此其中没有异常、错误或偏差。但是现实生活中充满了异常。

BPMN 把错误事件定义为允许流程模型对任务中的错误做出反应的元素。图 10-11 展示了一个例子，评分服务可能会引发用户数据无效的错误。你还能看到，可以不使用错误事件，而是把有问题的结果写入流程上下文，并在流程的后半段设立一个排他网关，就

像处理没有评分的用户那样。这也能让流程在问题发生时走向不同的路径。这样，从业务角度来看，潜在的问题看起来不像是一个错误，而更像是一个任务的结果。

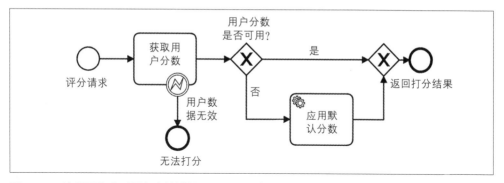

图 10-11：流程可能会对服务中的错误做出反应，这在语义上与获得负面结果并做出决定略有不同

在这个例子中，用户虽然无法评分，但可以产生一个有效的结果，所以这不应该作为一个错误处理，而应该当作一个预期的结果。错误与否只有一条细细的线，但值得思考一下，因为这个决定将影响模型是否易于理解。

 根据经验，网关用以处理任务的预期结果，错误事件用来处理异常（即阻碍达到预期结果）。

在现实生活中，你还必须处理技术问题。你不能以完全相同的方式对待它们。假设评分服务变得暂时不可用。你可能不想对重试进行建模，因为你必须在每个服务任务中添加它。这样会使可视化模型变得臃肿不堪，使业务人员感到困惑。相反，你需要配置一些技术属性来设定重试规则，或者在运维过程中处理这些事件。这些内容在可视化中是隐藏的。如果你希望每个人都能看到重试，则可以添加文本注释，如图 10-12 所示。

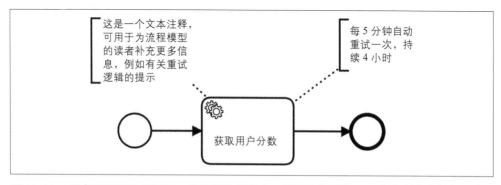

图 10-12：服务调用的失败重试一般隐藏在属性中。如果这很重要，文本注释能让你为阅读模型的人补充这些信息

"业务错误"和"技术错误"这两个术语可能会令人困惑，因为它们过于强调错误的来源。这可能会引发一些漫长的争论，如某个问题是不是技术错误的，以及业务流程模型中是否应该看到技术错误。事实上，更重要的是你如何对某些错误做出反应。即使是技术问题也可能符合业务反应的条件。例如，你可以决定在评分服务不可用的情况下继续一个流程，并简单地给每个客户一个好的评价，而不是阻止所有进程。这个错误显然是技术性的，但这个反应是一个业务决策。

因此，我更喜欢谈论*业务反应*（business reaction）和*技术反应*（technical reaction），业务反应在流程中被建模，而技术反应则在工具中被处理，比如运维过程中的重试或事件。

图 10-13 展示了评分服务不可用时产生技术反应（重试）的例子。不过一段时间后，这个反应会升级为业务反应，以避免影响评分服务必须遵守的某些 SLA。

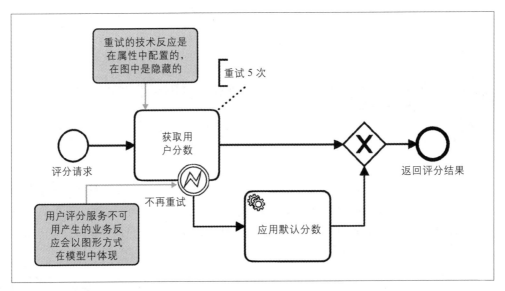

图 10-13：重试等技术反应在模型中不可见，但业务反应是可见的

10.5.3 提高可读性

你想使用可视化模型来更好地理解、讨论和记忆流程。因此，投入一些精力使模型更易于阅读和理解是值得的，这可以归纳为遵循建模惯例。随着时间的推移，大多数企业都会定义自己的惯例。关于建模惯例，你可以在本书的网站上找到一些示例的链接。

本节提供了两个典型的例子：给元素打上标签，遵循乐观路线建模。

给元素打标签

为流程模型中的所有元素打上标签，这样能确保读者可以理解流程真正的业务语义。流程的清晰度往往与标签选择的好坏直接相关。

在图 10-14 中，你可以看到：

• 开始事件的标签用被动语气描述（"订单被下达"）。

• 所有任务都有明确的标签，以告知读者需要执行哪项工作，通常使用动词 + 宾语的模式（例如，"确认支付结果"）。

• 一个有标签的网关清楚地表明，在什么条件下，流程要执行到哪个顺序流上，网关上的标签往往是一个问题，其答案会添加在顺序流上。

• 结束事件的标签从业务角度描述了流程的最终结果，通常以事件的形式描述（"订单交付"）。

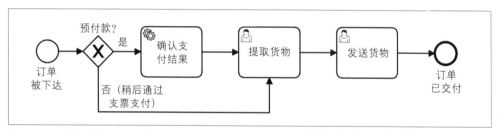

图 10-14：遵循惯例进行标签命名的流程模型

从左到右建模，遵循乐观路线

从左到右建模流程图（或者相反，如果你所处的文化是这样书写的话），特别注意不要从上到下。这考虑了阅读方向，还考虑了人类的视野，人们更喜欢宽屏。你能想象电影院的屏幕是高的而不是宽的吗？

你可以以执行的时间点为顺序从左到右仔细定位每个符号，这样能进一步提高图表的可读性。虽然这并不容易，但会让效果更好。

如图 10-15 所示，为了遵循导向成功结果的"乐观路线"，你可以将属于乐观路线的任务、事件以及网关放在图表中央的一条直线上。虽然这并不总是可行，但至少你可以试试。

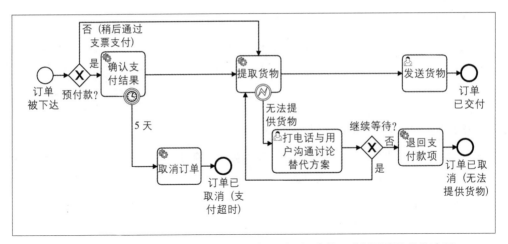

图 10-15：一个从左到右建模的、可读性强的、遵循时间顺序的、遵循乐观路线的流程

10.6 结论

本章强调了图形化流程模型对不同角色的重要性。并将其体现在一个典型项目的上下文、项目角色的命名以及生命周期的各个阶段。

你现在应该更好地了解了谁应该建模，不同的角色应如何基于一体化模型协作，以及什么才是一个好模型。

下一章，我们将讲述实践中的流程可见性。

第 11 章

流程可见性

本章将讨论以下内容：

- 更加强调流程可见性的价值。

- 说明如何在异构环境中使用工作流引擎实现流程可见性。

- 展示常见的指标和报告。

11.1 流程可见性的价值

可见性在两个方面实际影响流程的性能：

- 流程改进（持续性的）

- 流程运维

流程改进的意思是使流程变得更好。而"更好"可能有很多含义。例如，使操作更简单、缩短周期时间，或支持更大的规模，具体来说就是可以在相同的时间内处理更多实例。有时，这也表示要支持以前无法实现的业务模式。流程可见性是进行这些改进的重要工具，因为它可以识别现有流程中的瓶颈，并促进对改进替代方案的讨论。

流程运维是一件"维持生计"的事情。这涉及业务运维人员，他们关注 SLA，关注因业务问题而被卡住的实例。同时也与技术运维人员有关，他们关心由技术原因导致的事件，例如，因为流程所需系统不可用或输入数据被损坏。

 在大多数公司中，运维角色不能被明确标记为业务角色或技术角色，这个角色更像是业务与技术的结合体。所以我决定在本书中只称这个角色为运维人员。

流程可见性对所有的运维人员都有帮助。其中一个有趣的内容是提供*态势感知*（situation awareness）。认知心理学在这一领域有很多研究，证明态势感知对运维人员的决策结果至关重要。

有个案例很有趣，是在空中交通管制和核电站控制室的背景下的一项研究。研究报告"The Impact of Process Visibility on Process Performance"（*https://oreil.ly/gPTjq*）的作者发现，"运维人员必须能够随时了解当前的流程状态，并有能力充分利用这些知识来预测未来的流程状态以及控制流程达到运维目标"。这项研究通过对精益运动的研究，进一步证明了可见性的价值以及其对流程性能的影响："能立即展示异常的可视化控制是精益生产系统的重要。组成部分，它对于消除浪费、不断改进流程非常重要。"

表 11-1 列出了各个角色典型的使用场景，以及可见性在场景中对流程改进或运维带来的帮助。场景按流程自动化的生命周期阶段排序，这些阶段在 10.2.3 节中提到过。该表还说明了这个角色通常需要查看多少个流程实例，以及如何找到相应的流程子集（如果需要的话）。

表 11-1：流程可见性带来帮助的场景一览

谁？	做什么？	生命周期的阶段	益处	多少个实例？
业务分析师	从活文档中理解当前流程的实现	分析	流程改进	全部
业务分析师、开发人员	协作讨论及记录需求	设计	流程改进	全部
开发人员	在实现过程中理解流程	实现	流程改进	全部
运维人员	理解并解决事件	运维	流程运维	一个到多个（事件过滤）
运维人员、服务中心	了解所选流程示例的状态	运维	流程运维	一个（根据业务指标查找特定实例）
业务分析师	分析和沟通变更、缺陷或潜在的改进	分析	流程改进	所有或按日期或业务数据过滤的子集
流程所有者	了解流程性能	运维、分析	流程运维和改进	所有或按日期或业务数据过滤的子集

你可能想回到第 10 章开头讨论的 SBB 项目，将这些场景套用到那个故事中。

11.2 获取数据

下一个问题可能是，为了使流程达到所需可见度，该如何获得正确的数据？我们来看几个备选方案。

11.2.1 利用工作流引擎的审计数据

使用工作流引擎时，你可以非常简单地获得可见性。大多数产品使用了图形模型，并将其用于设计、实施和运维。

尽管如此，你应该确保可视化效果适合所有目标群体。本书推荐的 BPMN 在这方面做得很好。对那些声称是轻量级的标记语言要谨慎选择，如 5.2 节中说明的那样。有些工具只在运行时自动生成可视化，这能提供的帮助非常有限，换句话说，你可能会错过很多价值。

从工作流引擎访问审计数据的方式各不相同。最简单的选择是利用厂商现有的监控和报告工具，如 2.5.5 节中所讨论的。它们提供了一个很好的起点，大多数可以开箱即用，其能力取决于具体的工具。

另一个选择是通过工作流引擎的 API 访问数据。这可以在该 API 的基础上建立你的用户界面。或者，可能更好的选择是将数据导入你的数据库中，以便之后进行分析。

有时你也可能直接从工作流引擎的数据库中读取数据，绕过 API。选择这种设计往往是因为缺乏合适的 API，或者使用 API 处理大量数据存在性能问题。如果将对数据的访问权限限制为只读，这可能没太大问题。但它应该永远是最后的手段，因为数据库结构是引擎的实现细节，应该谨慎使用。比如，数据库结构在向后兼容性方面无法有 API 那样的保证。

如果你想创建一个 ETL 作业，将数据转移到你的数据仓库或商业智能（BI）解决方案中，这个作业同样可以访问 API 或数据库。

一些工作流工具还允许将历史记录数据作为事件流发布。你可以订阅该事件流，再以任意格式存储数据。

那么，访问审计数据的最佳方式是什么？一如既往，"最佳"选项主要取决于你的整体架构和技术栈。工作流厂商或许能为你提供一些建议。

11.2.2 度量 KPI 的模型事件

每个在工作流引擎中执行的流程示例，你都可以随时收集其中重要的 KPI 指标，例如单位时间或周期时间内的流程实例数量。

但通常你还会想分析其他的 KPI。例如，在收到付款后需要多长时间来交付订单。为了支持这些，可以明确地在流程模型中添加更多的业务里程碑。在 BPMN 中就是添加中间事件，如图 11-1 所示。

这些里程碑没有任何执行的语义，只是在工作流引擎的审计跟踪里留下痕迹。只要流程经过了该事件，就达到了一个里程碑，其状态可能是通过或未通过。

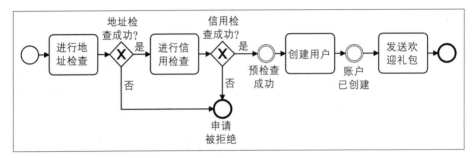

图 11-1：可以在流程模型中添加测量点，作为里程碑使用

另一种方法是建模多个阶段。在 BPMN 中，你可以使用嵌入式子流程，如图 11-2 所示。

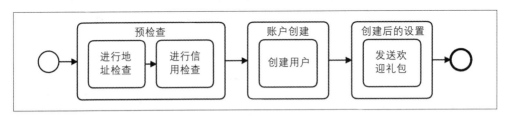

图 11-2：你可以为模型添加多个阶段

与里程碑不同，阶段有第三种状态：活跃状态。

如本节所述，你可以利用业务里程碑和阶段进行监控和报告。大多数情况下，它们会用于帮助业务人员获得聚合视图，或者为最终用户提供简化视图。让我们再简单地说明一下后者。

11.3 状态查询

想象一下，你需要回复有关订单的状态查询，如"我的订单在哪里？"你可能在用户的自助服务门户中提供了这些信息。在这种情况下，你不能直接使用可执行的 BPMN 流程，因为这往往会展示太多你不想暴露的内部细节，或者可能让用户感到困惑。

有两种基本方法可以解决这个问题：你可以设计专门针对用户（或客服人员）的自定义简化流程模型，也可以利用里程碑或业务阶段创建自定义的可视化内容。

图 11-3 展示了一个使用 BPMN 的自定义流程模型的例子。这个流程模型只用于展示状态，不在任何引擎上执行。也就是说该模型不一定要是正确的，只要它能达到目的即可。在这个例子中，模型仅显示真实流程中存在的某些任务（包括阶段）的审计数据。其他任务则被删除。正如你所看到的，此模型只是一个不同的展示页面——数据仍然可以直接从工作流引擎获得，这使得它易于实现。本书的网站上有一个代码示例。

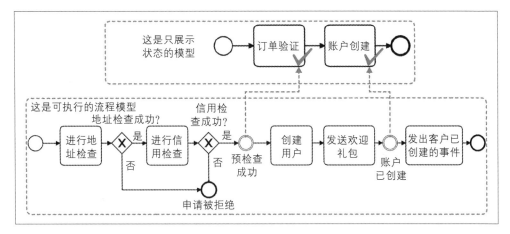

图 11-3：仅用于状态查询的流程模型

然而，创建定制的可视化内容，向用户或客服人员展示里程碑或阶段往往更容易。例如，如图 11-4 的示例所示，清单在对里程碑进行可视化时非常受欢迎。

图 11-4：客户状态可见性通常具有清单的形式

在这种情况下，有一个巨大的挑战：如何找到正确的流程实例。来电咨询的用户不太可能知道自己的流程示例 ID。事实上，他们甚至可能都不知道订单号或用户 ID。也就是说，你需要提供一些搜索功能。如果仅依靠工作流引擎的数据，那你需要确保将所需的数据都附加到流程实例中。

对状态查询的另一个观察是，你很快就会脱离单个流程实例的范围。一般来说，你想看的是端到端的流程，但它可能在工作流引擎参与之前就开始进行了。异构的端到端流程，其讨论主题并不只有状态查询，所以我们接下来会在更大的视角下进行讨论。

11.4 理解跨多个系统的流程

正如你在第 7 章中读到的，端到端的流程很少只在一个上下文、微服务或组件中执行。相反，流程是跨边界的。也就是说端到端流程往往并不会只在一个工作流引擎上执行。以典型的入网流程为例——它可能会从发送纸质文书（用户订单）开始，经过扫描、OCR 以及分类，然后才在工作流引擎中启动一个流程实例来处理入网流程。事实上，这个流程甚至可能会更早开始，早到潜在用户下载订单表格时。

这意味着你需要采取更多的措施才能获得端到端流程的可见性。如果你使用了事件驱动架构并倾向于使用编制来实现流程的某些部分，也是一样的，如第 8 章所述。

本节将简要介绍现实生活中的方案及其取舍。

11.4.1 可观测性与分布式追踪工具

一个常见的想法是利用微服务社区现有的可观测性工具。但现在看来，这些工具通常专注于涌现行为，如 8.1.1 节中所述。

最常见的例子是分布式追踪，它致力于追踪不同系统和服务之间的调用栈。它的实现方式是创建一个用来追踪的唯一 ID，将其添加到所有远程调用中（例如添加到 HTTP Header 或消息头）。如果系统中的每个服务都接收并转发这些 ID，你就能在请求跳转到不同服务时留下踪迹。图 11-5 展示了一个例子。

图 11-5：分布式追踪系统展示分布式调用栈（来源：*https://zipkin.io*）

分布式追踪能帮你理解请求如何在系统中流动。这非常适合用来准确定位故障或调查性能瓶颈的根源。由于有不少成熟的工具，也比较容易上手，所以即便为了要支持追踪，你也不得不对应用或容器进行修改。

但有两个因素使分布式追踪工具很难用于理解端到端业务流程的问题：

• 非工程师很难理解追踪结果。我向非技术人员展示追踪结果的尝试都失败了。反而投入一些时间用矩形和箭头重新绘制相同的信息结果要好得多。即便对于理解通信行为，这些方法调用和消息也都是有用的，但对于理解跨服务的业务流程，这些信息的粒度太细了。

- 为了能处理大量的细粒度数据，分布式追踪对数据进行了采样，只收集了全部请求中的一小部分。一般来说，90% 以上的请求并没有被记录，所以你永远无法完全了解正在发生的事情。

11.4.2 自定义集中式监控

与其收集技术踪迹，不如收集有意义的业务事件或领域事件。这样你能够获得恰当粒度的信息。之后，你可以基于这些事件构建自己的集中式监控工具，本质上就是一个监听所有事件并将其存储在独立的数据存储中的服务。重要的是，能选用足以处理负载和执行查询的技术。图 11-6 直观地展示了这一方案。

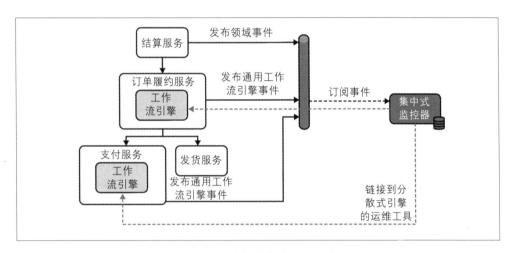

图 11-6：自定义集中式监控允许你监控异构架构中的端到端流程

事件可以有多个来源：可以来自事件驱动架构的现有事件、为监控而特地发出的自定义事件，也可以是从传统系统中提取的事件。此外，一个好的工作流引擎支持自动发送相关事件（例如，流程实例开始、里程碑达到、流程实例失败，或者实例刚刚结束）。

最简单的用法是，集中式监控解决方案展示每个端到端流程实例、实例的事件列表和实例的当前故障。监控视图可能还会提供链接，跳转到对应工作流引擎的运维工具，方便你深入了解所有细节或解决事件。图 11-7 展示了一个例子。

你还可以利用图形化流程模型将这些信息可视化。比如，bpmn.io 这种轻量级的开源 JavaScript 框架就可以轻松创建 HTML 页面，如图 11-8 所示。

流程控制中心（自研软件）			
（订单 #42）			
日期与时间	事件	相关信息	链接
2021-01-12 05:23	订单被下达		订单管理系统
2021-01-12 05:24	创建的订单履约	流程实例 #74587	在运维工具中查看（订单）
2021-01-12 05:27	发生故障	流程实例 #74587 失败：支付服务不可用	在运维工具中查看（订单）

图 11-7：集中式工具可以为端到端流程提供所有相关信息，包括与分散的运维工具链接

当然，你还可以构建多个模型，突出同一端到端流程的不同方面。这对希望专注于特定假设或流程阶段的业务分析师来说特别方便。

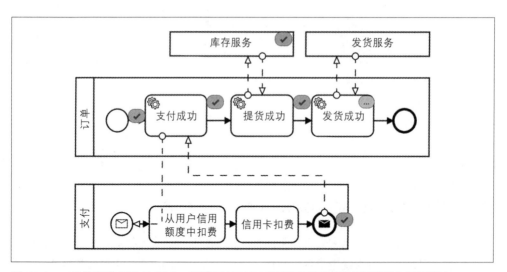

图 11-8：一个简单的 HTML 页面，利用了 BPMN 查看工具在图形流程模型上展示状态

自定义监控解决方案是一种强有力的机制，但构建它需要额外的工作。在大型企业中引进这种组件存在一个巨大的障碍，即所有权不明确：谁来构建和运维它？

11.4.3 数据仓库、数据湖和商业智能工具

当然，你还可以利用现有的数据仓库或数据湖。事实上，现有的商业智能、分析或报告

工具甚至可以直接处理端到端流程监控需求。这可能是个不错的起点，因为它意味着你不用再引入一个集中式工具。图 11-9 直观地展示了这种方案。

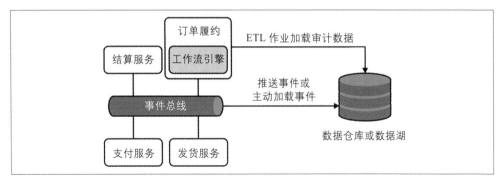

图 11-9：可以利用数据仓库从工作流引擎中收集数据并提供洞察力

但这种方法的代价是失去流程上下文，通常还会失去可视化的流程模型。

将审计数据从工作流引擎加载到这些工具中往往会遇到一些困难，因为将关系型数据预处理及存储为 DWH 可操作的格式是很难的。

利用 DWH 作为数据存储可能是一个不错的折中方案，但仍然需要在它上面开发一个自定义的用户界面。当它能提供流程上下文时，才能更有灵活性，例如，显示流程图。

11.4.4 流程挖掘

还有一类完全不同的工具：流程挖掘（process mining）工具。它们解决的问题是：理解流程是如何混合使用 ERP 或 CRM 系统等各种工具来实现自动化的。通常，这会涉及从这些系统加载和分析一堆日志文件，以发现流程流和某些相关性。

流程挖掘工具可以发现流程模型，并以图形的方式将其可视化。这些工具还能让你挖掘详细的数据，特别是潜在的瓶颈或优化点。图 11-10 展示了一个例子。

流程挖掘工具为实现业务流程的可见性添加了一些有趣的能力。遗憾的是，大多数工具的重点是在传统架构中的挖掘流程流。

换句话说，这些工具擅长分析日志文件，但并不擅长分析实时的事件流。它们能够用于分析发现的流程模型，但不能用于监控或报告用例。而且它们通常使用 DFG（Direct Follower Graph），而不是 BPMN，这就很难向所有干系人展示这些内容。

此外，在大多数情况下，流程挖掘工具被广泛用于分析项目，旨在发现、理解和分析一个巨大的、遗留的、毫无头绪的项目。在这些项目中，挖掘哪些事件可以被利用以及这些事件在哪能找到，整个过程可能需要几周时间。

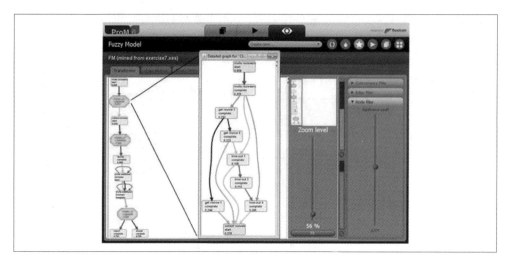

图 11-10：在流程挖掘工具中浏览数据（来源：*https://www.promtools.org/doku.php*）

因此，虽然流程挖掘很有价值，但它的重点与允许实时流程的监控和报告不尽相同。

11.4.5 流程事件监控

解决这个问题的一个新方案是流程事件监控。基本思路是，定义一个用于监控的流程模型，然后将事件映射到某些任务上，如图 11-11 所示。

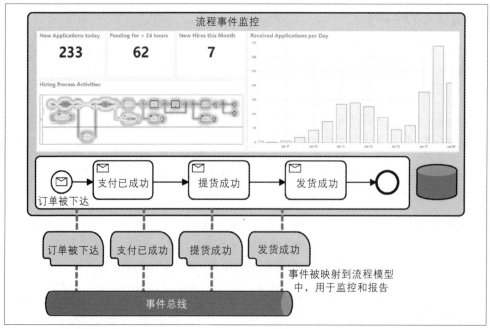

图 11-11：流程事件监控

事件带有唯一的追踪 ID（如分布式追踪所述），其来源多种多样。这类解决方案与自定义监控类似，主要区别在于许多功能都是由厂商预制的。

11.4.6 当前市场动态

当你读到此处时，这些分类可能已经模糊了：典型的流程挖掘工具可能在流程事件监控方面变得更好，反之亦然；可观测工具可能增加了业务视角；轻量级工具可能成为自定义监控解决方案的基础，可以减少实现的工作量。

总之，当前已经有一些选项了，我预计将来会变得容易得多。我也很兴奋，期待未来的到来。

11.5 设置流程报告和监控

要成功实现流程自动化项目，你必须设置正确的报告和指标。让我们更详细地了解这些问题。

11.5.1 常见的指标和报告

最重要的指标反而最简单。其中一些是基于流程持续时间的，包括：

- 周期时间，指的是整个流程（包括工作流引擎中运行的流程以及端到端流程）的持续时间。这是判断流程性能的关键指标。进一步分析趋势和异常值是很有意义的，比如可以了解运行缓慢的流程实例背后的原因和影响。

- 流程指定部分或指定阶段的持续时间。如果你想聚焦分析流程的某一小段，这个指标就很有用。

- 单个任务的持续时间。比如，你可能希望验证 SLA，或者分析单个步骤优化的可能性。

还有一些常见指标是基于计数的。例如：

- 启动和结束的实例数量。

- 访问特定路径的实例数量。

- 到达特定结束状态的实例数量。

理想情况下，你对这些数据的期望是（尽可能）实时、可大规模访问以及准确。此外，如果指标超过某个阈值，可能还需要有一些告警——例如，订单的交付时间飙升，并需要你调查原因。理想情况下，所有干系人都应该能自己访问相关的信息，甚至能自己定义重点明确的流程视图和流程报告。

这是个相当长的愿望清单。但如果监控和报告工具能关联流程上下文，这实际上是可行的。这些工具可以输出这些指标，有些还能直接进行分析。然而，如果没有流程上下文，比如因为你的报告是基于 DWH 生成的，那这种分析可能会变得很麻烦，甚至无法实现。通常，现实生活中的项目必须调整 DWH 加载作业（ETL）进行指标预处理（如流程的周期时间），才能在 DWH 中提供这些指标。这阻碍了流程可见性及业务敏捷性的实现。

这就是为什么建立专门的流程监控和报告工具有很大的意义。理想情况下，你甚至可以提供带有流程上下文的实时仪表板。图 11-12 展示了一个客户的真实案例。

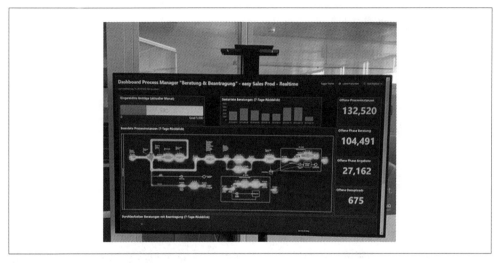

图 11-12：实时的可见性仪表板示例

11.5.2 获得更深入的理解

这些通用指标在相对较高的层级上进行汇总，对于推动流程改进来说还有一定不足。还需要更细化的数据才能进行更深入的分析。

例如，你可能希望根据上下文区分流程，也就是说需要获取附加到流程实例上的数据。或者你可能希望追踪一段时间内的变化，比如用来分析趋势。在撰写报告时加入流程状态可能会更有价值，因为流程处在运行、已完成或被取消的状态，其意义不尽相同。此外，在某些特殊情况下，你可能还希望了解流程所经过的路径以便进行调查。

想象一下保险受理流程，比如人们申请汽车保险合同的流程。图 11-13 展示了相关的例子。在这个流程中，一些合同需要手动批准。也就是说整个周期的时间差异会很大，因为全自动部分为用户提供服务的速度非常快，但手动部分的服务相对较慢。

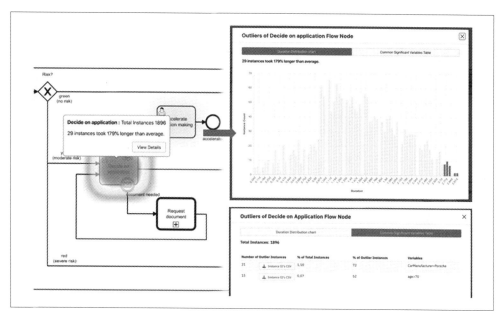

图 11-13：有了流程上下文，你可以从数据中获得更深入的理解，比如分析异常值

现在，假设你查看了这些数据，并迅速了解到实例中人工任务的持续时间有很大差异。你很好奇为什么会出现这种状况，更想知道如何加快任务速度。因此，你分析了该任务持续时间中的异常值。研究流程实例所附加的数据后，你得到了一些启示，所有缓慢的流程都与老年司机为跑车申请保险有关。这就提供了一些基础资料，方便你和审核团队的管理人员交流，澄清为什么这些申请比其他申请更复杂。流程上下文可以帮助你找到重要的指标，改善流程性能，提高用户满意度。

11.6 结论

使用工作流引擎实现流程自动化时，你自然会获得一定程度的流程可见性。

然而，许多流程（特别是端到端流程）是异构的。本章描述了在这种情况下如何获得可见性，可以使用面向流程事件监控或流程挖掘的产品，也可以实现一个定制的监控解决方案。常见的 DWH 和 BI 工具并不能解决这个问题，因其缺少流程上下文，甚至都不足以生成简单的报告，更不要说进行灵活、深入的分析了。最后，本章为你提供了一些设置指标和报告的入门指导。

第三部分

应用流程自动化

本书的最后一部分将聚焦于如何在企业中成功引入流程自动化。

第 12 章将展示引入流程自动化的过程，整个过程务实、敏捷且可迭代，你将了解成功的采用过程是什么样的。本章还将阐述自上而下的指示和自下而上的成功案例之间的区别，不仅能帮助你了解如何准备好第一个项目，而且还能帮助你了解以后如何更大规模地使用自动化。

第 13 章将提供一些总结性思考。

第 12 章

引入流程自动化的过程

本章将回答以下问题：如何将流程自动化引入你的组织？如何成功完成第一个项目？如何建立一个公司级的实践，推动更大规模的使用？

为了实现这一目标，本章将讨论以下内容：

- 概述两种常见的采用过程，并从中得出一个模式。

- 讲述这个过程中至关重要的第一步（特别是在前三个流程自动化项目中）。

- 深入研究在整个组织中如何大规模使用流程自动化，以及随之而来的挑战。

你可能会想为什么要在技术书籍中阅读这些主题。原因有两个。首先，作为开发者或软件架构师，你需要了解某些挑战，这样才能解决它。即使办公室政治不是你能直接控制的范围，但你也会受到其影响，你需要采取一些措施来避免项目出现重大问题。

其次，如果你是企业架构师，学习如何将流程自动化引入企业是至关重要的。你的工作不仅是理解能力和架构，还要在提供重要指导、定义必要的边界和给予项目团队自由度三者之间找到恰当的平衡。相比于为公司定义"正确的架构"，你最终更可能会成为一个内部顾问和推动者。本章将为你提供实现这一目标的基本支持。

12.1 了解采用过程

首先，让我们了解一下在公司采用流程自动化的常见过程。我发现从案例中学习是最有效的，所以我们在这里看两个故事。第一个是虚构的失败故事，其中包含许多来自现实生活的元素。这可以帮助你理解那些必须避免的失败。第二个是我多年来观察的一位客户的真实故事。这个故事会展现出致使他们成功的关键因素。

12.1.1 那些你想避免的失败

想象一家虚构的 DontDoItAtHome 有限公司，它为那些不想在家自己动手的顾客建立一个手工商品市场。你是这家公司的 IT 总监。

在一次厂商活动过后，CIO 回到办公室，热情地谈论起流程自动化的潜力以及工作流自动化平台对开发人员生产力的巨大影响。他向你说明为什么流程化是一个战略方向，并建议你搭建一个集中式的工作流引擎，以便整个公司都能使用。

你问他想要如何开始流程化——哪个项目应该首先采用新的方案。他告诉你，流程自动化太具有战略性了，不能从一个琐碎的项目开始。

CIO 组建了一个团队来评估工作流工具。选择出产品后，这个团队围绕核心产品搭建起公司的专有平台，用来对接你的 IT 基础设施。他的计划是，一旦这个平台到位，各个项目就可以启动一个自动化重要业务流程的竞赛。

为了准备竞赛的原料，还组建了另一个团队。他们收集所有相关的业务流程，并在流程图中描绘它们。正如一家大型咨询公司所建议的，他们采用了分层的流程架构方案，并且把相关的业务流程描述到一个非常详细的级别，当作自动化项目的原料，确保项目可以很快在新平台上实现可执行流程。

这项工作进行了 6 个月后，CEO 开始有些不安，想看看产出。工作流平台和流程架构团队都无法提供直接的业务价值。CIO 面临着展示真正成果的压力，那种业务价值可以匹配如此巨额投入的成果。

CIO 需要回应质疑，决定先自动化最重要的流程，即订单履约流程。这会为业务带来非常多的可见性，他相信这能够展示工作流平台对公司的巨大价值。

一个实现订单履约的新团队成立了。他们没有使用工作流引擎的经验，更不可能有使用新的内部平台的经验。而且学习这个内部平台很困难，因为它的文档记录并不完善。他们经常需要咨询平台团队。

项目组在互联网上进行了一番研究，在了解了更多关于底层工作流产品的信息后，他们发现内部平台有一半以上的功能无法使用。除此之外，平台使用的工具版本是一年前的，它存在严重的缺陷，而厂商在最新的版本中已经将这些缺陷全部修复了。

而平台团队没有时间处理任何新需求，其他几个流程自动化项目已经启动，平台团队的时间完全被消耗在了向每个人解释平台上。

结果就是，订单履约团队不得不使用一个已经过时且只有一半功能可用的引擎，外加一些无用、没有文档、不稳定（或者兼而有之）的定制功能。

除此之外，他们的需求是从流程景观（process landscape）项目中得到一个流程模型。他们想的是只要实现它就行了。这能有多难？事实证明，这难如登天。那个流程模型基本上不可用。它缺少很多实现所需的细节，而且还包含很多关于流程未来样子的主观臆断。项目组发现，这个流程模型需要进行大量改造，而且还将影响公司许多人以后的工作方式。

与此同时，业务部门厌倦了讨论流程模型，为了给流程景观项目建模这一部分的流程，他们过去 6 个月已经开了太多会。遗憾的是，这些努力没有为业务带来实际的成果或改进。

当然，公司里没有人愿意听到这样的事实，特别是同样的工作流工具在其他公司运转得很好，而且这个项目已经投入了大量的资金。结果就是，该公司可能根本不会从失败中吸取教训，很快就会被淘汰。

你可能从这个例子中观察到许多：

- 不要过早地付诸战略行动，先从小项目开始。

- 避免自上而下的大改造，创造允许自下而上发展的环境。最佳平衡方案是，创造一个让一线员工的提议可以被收集起来的环境，然后接纳最合理的方案来讨论，进而推动改造。扩大使用范围的举措始终应该放在第二步。

- 抵挡创建自己平台的诱惑。

- 第一步先选择合适的流程进行自动化。最重要的核心流程可能太庞大、有风险、太过复杂，不适合作为第一步尝试。

- 不要同时启动太多项目。

- 专注于交付业务价值。流程解决方案需要解决真正的业务痛点。

- 不要从流程架构或流程景观开始。不要期望提前为流程自动化项目导出现成的流程模型。当你知道流程自动化的真正运作方式时，将能更好地描绘流程架构。

- 让学习带给自己视野，这包括接受一种公开讨论失败的文化，因为你可以从中学习到很多。厂商或咨询公司的最佳实践（或书籍）可以作为一个很好的起点，但不能取代你自己的探索。

- 给予项目团队自由度，让他们可以自己做一些决定。

12.1.2 成功案例

让我们用一个现实生活中的成功案例来和 DontDoItAtHome 做个对比。这个故事与一家有 7000 多名员工的保险公司有关，我在这里不能说它的名字。我也不能像虚构的故事那样提供大量的细节，只能汇聚成一个总结。

2014 年，这家保险公司成立了一个团队，目的是实现特定汽车保险理赔的自动化处理。其中有一个真正的痛点：现有的理赔处理主要是手动的方式，并且跨越了几个组织单元。这使得为该项目构建业务案例并获得高层管理人员的支持变得容易。同时进一步得到了加强"流程化"战略的支持（而不是驱动），这是当时保险公司的热门话题。

作为项目的一部分，他们：

- 评估了一个工作流工具。

- 分析并建模了一个可执行流程。

- 实现了整个流程解决方案。

- 将其集成到现有的用户界面中。

- 将其与现有的 SOA 基础设施集成。

- 将相关数据导出到数据仓库。

- 投入生产并持续维护。

这个先锋项目成功的最大秘诀是着重解决业务上的痛点。出于战略考虑，采用工作流自动化技术是该项目的重要一环，但他们设法保持了良好的实用性。例如，当他们讨论 DWH 中的流程报告时，项目经理阻止了涉及太多细节的讨论。相反，他们最先推进实现的是项目所需功能的最小集合。

我还记得关于这个项目的一个小故事。在评估阶段，他们选了一些头部厂商的工作流工具，但也选择了我们公司的工作流工具，因为我们是唯一的开源厂商。我们公司当时还很小，还不能展示一长串保险公司推荐名单。尽管如此，我们还是被邀请参加了第一次销售会议。后来我才听说，售前顾问（我）给项目团队留下了深刻的印象，因为过程中坚持展示演示、解释源码、快速启动一个概念验证，而不是宣讲幻灯片和白皮书。这与头部厂商的宣讲完全相反，这与团队产生了很强的共鸣，所以他们说服了他们的 CEO。其余的就都有正式项目记录了。

在最初的项目过后，该团队被重组为一个部门。他们被赋予帮助其他团队设计和开发流程解决方案的职责。在最初的两三年里，他们为这些团队做了大量的实现工作，但随着时间的推移，他们演变成一个内部咨询工作组，"只是"帮助其他团队开展工作。

他们自然而然地成为讨论或询问工作流工具相关问题的首选。也是因为这样，他们延续着经验和洞见，还促进着整个组织的知识共享。直到现在，他们还维护着一个内部的BPM 博客，并组织自己的培训课程，管理一年一度的内部社区活动，让不同团队分享最佳实践。

虽然他们的确在工作流引擎的基础上开发了一些工具，但从未强迫公司里的任何人使用这些工具。虽然他们早在 2015 年就开始维护一个集中式的 BPM 平台，但不久之后就放弃了这种模式，现在解决方案团队会运行自己的引擎。他们仍然提供引擎相关的可复用组件，例如，hook 活动目录（Active Directory）的组件、与内部 ESB 通信的组件，但这些是作为额外的库提供的。

他们现在正在启动一项内部服务的开发工作，提供托管工作流引擎，从而简化项目团队的配置和运营。

到 2019 年年底，该公司有近 100 种不同的流程解决方案在生产中运行。不仅 BPM 团队的人非常满意，高层管理人员也非常满意。

这个故事的主要收获是：

- 一步一步来，直到你准备好大规模使用。
- 获得决策者的认可，这需要你的流程解决方案能解决真正的业务痛点。
- 确保让有经验的人有机会在后续的项目中提供帮助。
- 获取最佳实践，确保知识共享。
- 如果可复用的组件能提高生产力，就提供这些组件，但要作为库让团队自行采用。
- 建立内部咨询方法，也许可以组织成一个专家中心（COE）。至少要在企业中确定并培养一名能够推动该主题的专家。
- 为新人或团队确定学习路径。

在看了这两个截然不同的例子后，让我们更深入地探讨一下什么是成功的采用过程。

12.1.3 成功采用过程的模式

从成百上千个如同上面两个那样的故事中，我和同事得出了一个简单的模式，一个能成功将工作流工具引入组织的模式，如图 12-1 所示。

在评估工具栈时，你需要建立概念验证项目。该项目的目标是定义并验证架构和工具栈，具体的代码往往会被丢弃。

在概念验证之后，马上开始一个试点项目。为了真正了解整个软件开发生命周期中流程解决方案的各个方面，上线试点项目是非常重要的。你应该选择一个合适的场景，在这个场景中至少可以展示流程自动化的一些好处（例如，提高效率、有效性、合规性），因为许多人（包括决策者）都对可量化的结果感兴趣。

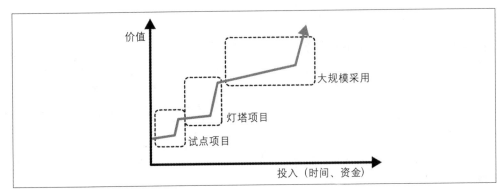

图 12-1：典型的采用过程

我更倾向于敏捷开发方法，以迭代和渐进的方式开发流程解决方案。这能让你快速学习，并用这些学习成果纠正方向。我常看到这个正向的激励螺旋起效。它对使用新工具或架构的项目尤为重要。

虽然在一些组织中是这样做的，但试点项目可能并没有被规划为"流程自动化的起点"。这些项目一开始通常只是打算解决一些业务的痛点，并在此过程中采用流程自动化技术。这完全没问题，甚至能在项目开始时避免很多办公室政治。

在成功运行试点项目后，启动一个灯塔项目。这要么是你引入流程自动化过程中刻意安排的，要么是你在试点项目中认识到流程自动化的潜力后自然而然进行的。

灯塔项目的适用范围更广、更务实，可以用来向组织内的其他人和团队展示流程自动化的架构、工具和价值。它就像一个灯塔，引导公司的其他同事实现流程自动化的价值。请确保你选择了一个相关的案例。

理想情况下，进行试点的团队也在灯塔项目中工作，因为这样可以充分利用他们所有的学习成果。这一点很重要，因为灯塔可能会成为后续项目的模板。也因此在灯塔项目完成上线后，你还应该规划一些时间来进行回顾。请记住，投入一些时间在修正上，远好于押注在第一版能做到完美。

确保灯塔项目在公司内部的知晓程度。遵循"展示和讲述"的方法进行内部演示，共享源码（包括文档），邀请人们参与讨论。一般来说，你应该更注重现场演示而不是幻灯片展示，更注重具体的公司项目而不是常见的工具展示。

只有这样，你才应该进入下一个阶段，即在整个企业中大规模使用流程自动化。你应该逐步推进这个阶段。在从少数项目中收集足够的经验之前，请确保不要走得太远。理想情况下，这种规模化是以"被动"的方式进行的，换句话说，是项目团队听说了流程自动化的优势，并决定要在他们的项目中采用它。

图 12-2 详细地展示了整个过程，它来自一个最佳实践，名为客户成功之道。

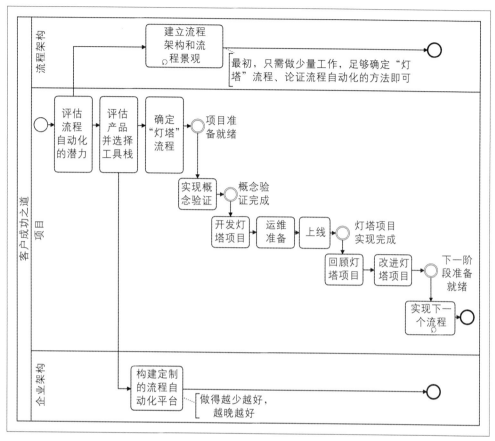

图 12-2：客户成功之道（基于 Camunda 的最佳实践）

12.1.4 不同场景的不同过程

当然，关于引入过程的具体细节会因组织的现状和引入流程自动化的主要驱动因素而有所不同。让我们简单看一些常见的场景。

更换现有的工作流产品

我在咨询工作中与很多这样的公司合作过，他们在用一些工作流产品，但希望替换掉它们。这些产品可能是已经停止维护的工具，也可能是无法满足公司需求的开源框架，或者只是没有兑现其承诺的工具。作为数字化转型或 IT 现代化工程的一部分，公司也可能主动替换"老式的 BPMS"或不再维护的自研工作流引擎。

这是一种特殊情况，因为组织已经知道流程自动化的含义以及工作流引擎是什么。团队已经有了流程建模的经验，知道执行这类模型意味着什么。即便他们需要在架构和工具栈上进行调整，但熟悉很多基本的概念，因此整个过程变得更加轻松。

然而，你需要注意一些偏见。还记得 1.9 节吗？其他人对流程自动化的理解可能与你不同。你可能会面对一些激烈的争论。

另一个挑战可能是你需要证明为什么要引入一个新的工具。我见过许多公司需要经历复杂的调研工作来证明更换工具的合理性，即使每个人都讨厌它，没有人用它来提高生产力。这可能是需要重点考虑的因素，因为它可能会影响试点或灯塔项目的重心。你可能不需要再为使用流程自动化做出证明，但需要证明迁移到新工具的合理性。

最后，你可能需要调查旧工具问题的根源。有时，问题并不在工具本身，而在于错误的使用方式。例如，将它用于解决错误的问题或建立奇怪的架构模式。在这种情况下，你需要避免新工具出现同样的问题，人们可能需要重新学习一些工作方式，或者意识到并承认过去的错误。

在 SOA 环境中引入流程自动化

如果你在一家使用 SOA 的公司工作，引入流程自动化的策略将取决于公司内部对此架构的看法。有很多公司对 SOA 基本满意，并希望继续维护它。没关系，你不必为了使用流程自动化而切换到微服务架构！但你应该小心过于集中的流程自动化方案，即使它运行得不错，也很适合你的组织文化。

在事件驱动架构中引入流程自动化

也许你工作的公司已经接纳了事件驱动的微服务，而你现在正面对着难以管理的服务数量以及伴随出现的大量涌现行为，如第 8 章所述。在这种情况下，你的采用过程可能会有很大的不同。

例如，你可以首先尝试获得可见性，无须做太多变更。你可以创建一个流程模型，描述你对所发生的事情的期望。让这个模型可执行，但只追踪事件，本身不主动做任何操作。它不推动任何事情——仅记录。

这将让你用上工作流引擎相关的完整工具链，包括监控，这样你就可以查看当前发生的事情、监控 SLA、检查停滞的实例，以及对历史审计数据进行大规模分析。

而这种模式可以成为引入更多编排的第一步。一个简单的例子是先监控端到端流程的超时。每当遇到超时时，自动采取一些措施。如图 12-3 所示的例子，在 14 天后通知用户会有延迟，但仍然继续等待。21 天后，会放弃任务并取消订单。

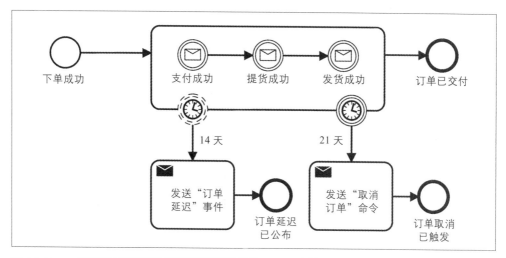

图 12-3: 一个追踪时间并在某些情况下被激活的 BPMN 模型

这是个很好的基础，可以逐渐演化为接管订单履约职责的流程。你可以一步步地实现。例如，你可以从编排支付开始这个流程，并删除正在执行的这部分事件链。

我知道很多现实生活中的例子，这样的追踪流程是现代化项目的开端。这些流程不是取代编制，而是从各种遗留系统中获取事件，在这些系统中，底层连接被慢慢移除，然后被编排取代。

推动流程自动化的战略举措

还有一种情况是，你的公司已经启动了一项战略计划，推动了流程自动化的使用。在撰写本书时，这个计划通常是数字化转型项目。

这些项目有自己的预算。这给你提供了一个引入流程自动化并解决真正业务问题的好机会——但请遵循建议，从小事做起，从满足业务需求的具体项目做起，这非常重要。我经常看到战略计划最终沦为 DontDoItAtHome 那样的情况。

这种背景下，我甚至看到过很多成功的流程自动化项目刻意避免进入这个战略计划的视野中，以避免这些计划干扰项目的正常推进。这么做是有道理的。

总之，每种场景都略有不同。试着了解你要实现流程自动化的项目的现状、历史和目标，并做出相应的调整。

12.2 开始引入流程自动化

无论你引入流程自动化会是什么样子，到某个时间，你总是要开始的。而第一步是最重要的，所以让我们深入地了解一下。

当然，在开始任何流程自动化工作时，你必须首先选择一个工具栈，如6.3节所述。我建议尽快开始创建POC。现代工具允许你在几小时内自动化第一个流程，因此你可以与多个厂商进行POC。你可能希望与信任的咨询公司合作，因为这些公司在应对不同厂商方面更有经验，它们可以帮助你迅速开展工作。做POC带来的实际操作经验对确定方向有极大助益。

12.2.1 自下而上地引入与自上而下地引入

在深入探讨POC的特点之前，让我们来思考一下大型企业在引入方法和工具时的两种常见方式：自下而上和自上而下。

引入可以自下而上。这种情况经常发生在开源组件上。开发者可能在某个地方了解到一个工具，然后试着使用。一旦他们了解了它的特性，就会对它充满热情，可能会立即使用这个工具来解决手头的问题，甚至把它部署到生产中。

此时，尚未对此工具进行恰当的评估。基本上立刻就进入了POC阶段。如果它试运行得不错，这个项目就会受到关注，并成为灯塔，其他项目就会开始采用这个工具。

如果项目范围越来越大或关注度越来越高，在某个时间点，企业、法务或合规部门可能会参与进来并要求提供保障。或者有人会来销售支持服务，或者公司可能会发现它真正需要的功能只有付费版才有。

在这种情况下，公司基本上是在工具已经稳定下来的阶段开始采购流程，此时评估已经没有多大意义了。这未必是一件坏事，因为该工具已经证明了它的价值。我个人是这种方式的拥护者。

自上而下的引入方式与此形成鲜明对比，在这个过程中，工具一般是由高层决定并交给开发团队的。在极端情况下，企业要求每个项目都必须使用统一的流程自动化工具栈。这就是在SOA项目中常见的引入方式。然而，纵观SOA的历史，你可以看到开发者仍然起着决定性的作用——具体来说，就是不用或者没成功用上这些工具。

因此，虽然这种自上而下的方式对我的公司更有利（如果选Camunda作为平台的话），但我还是建议要非常谨慎地对待这种方式。你可以给出公司级别的建议，但还是应该给各项目留下足够的空间，让他们自己决定。这会增加工具被接受而不是被拒绝的可能。

12.2.2 概念验证

现在让我们看看，什么是好的POC以及如何正确准备并运行它。使用POC，你通常能在 3～5 天内创建原型应用程序。其结果是要丢弃的，这一点非常重要，要牢记于心。它的唯一目的是证明你的项目能够运转，包括具体情况相关的所有方面。需要考虑的问题可能有：

- 是否可以在你的架构和工具栈中使用工作流工具？

- 开发方法适合你的组织吗？

- 能模拟具体的业务领域问题吗？

- 不同角色需要什么样的专业知识？

- 这样的项目需要付出多少努力？

- 流程自动化对运维有什么影响？

通常，为了快速获得结论并针对具体的问题获得反馈，可以与工作流厂商或专业顾问一起实现 POC。不过，为了真正理解其中发生的事情，你至少应该参与开发。事实证明，2～4 人的团队是理想的规模。

在计划 POC 之前，你需要有意识地将要实现的具体目标清晰化。这会对 POC 有很大的影响，所以要想清楚什么是真正重要的。一般来说，最好做出明确的选择，例如，是在本周结束时能够展示一个漂亮的用户界面更重要，还是澄清所有的技术问题并深入了解所选择的工作流引擎更重要，甚至可能只需要进行一些单元测试。

POC 的常见目标有：

- 验证方法或工具在特定情况下是否有效。

- 展示一个案例，让内部利益相关者相信该方案是合理的。

- 完成一个完整的示例并解决具体问题。

- 了解该工具更多的相关信息以及理解它的工作原理。

在规划团队时，你需要的知识有：业务领域、有针对性的技术解决方案和建模语言（例如 BPMN），以及分析和审核技能。为避免走过多的弯路，确定一个主导者会使你的 POC 步入正轨。通过与经验丰富的顾问一起开发 POC，让人们在工作中学习。

在一些公司，人们希望构建最低可行产品（MVP），而不是 POC。MVP 是已经提供了一定价值的第一个简单版本。最大的区别是它不会被扔掉。虽然我认为在整个生命周期中将这样的 MVP 投入生产和学习有巨大的价值，但我仍然会在创建 POC 后才这样做。POC 也可以被视为验证架构的简易原型。扔掉它并从头开始是最好的选择，因为这样能让你专注于学习，而不是写出生产级别的代码。因为 POC 只需要几天，时间投入也不算大。

确保要在公司内部展示 POC 的成果。选择一个适合演示的演讲者，准备一套重点突出的幻灯片来讲述进展和经验教训，并至少测试一次解决方案和演讲过程。令人意外的是，团队往往能在一周内做出一些非常棒的成果，但却期望一个演示程序就能说明一切。一般来说，投入一些额外的时间来思考一段故事情节可以让人们跟随你的讲述，理解为什么以及要如何应用流程自动化。

12.2.3 展示业务案例

一个完备的演讲也应该谈到业务案例。我最近看到的一个好例子是在一次会议上，一位客户正在讲述自己引入流程自动化最初的一段过程。他描述了他们的第一个用例，用一个包含 5 个任务的 BPMN 流程取代了一套由几个电子邮件和一个电子表格组成的流程。目前为止，这听起来还有点无聊。但随后他展示了一张幻灯片，其中包含他们得出的 ROI。这就不无聊了。

该公司在这个项目上投资了大约 10 万美元，花了 3 个月才上线。通过节省体力劳动，他们能够为一些人分配新角色。仅工资每年就大约节省了 100 万美元！公司当然没有人会质疑这个项目的成功，这对他们推进流程自动化大有助益。

我看到的另一个好例子是在一家大型银行，该银行用基于工作流引擎的内部解决方案取代了一个由外部服务商提供的传统税收业务应用程序。这在第一年大约节省了 100 万欧元的服务和许可成本，随后每年大约节省 300 万欧元。此外，该银行将一个关键的监管系统的所有权和能力合并到内部。新系统从用户那里得到了很好的反馈，用户评论说它与以前的系统有"天壤之别"，使他们能够更有效地服务客户。

如果你也有这样的数字，请务必展示出来。内部的重要决策者需要了解这种业务案例。

但在我看到的场景中，其价值更多的是定性的而无法定量计算。例如，一个采用微服务架构的客户告诉我，如果他们没有引入流程自动化，就会有非常多的麻烦，因为纯粹的编制会导致大量的混乱。

这很难用数字表示，因为它更多的是为了避免风险或技术债务。庆幸的是，高层管理人员理解这一原因，并支持引入流程自动化。

有时，寻找行业内成功或失败的案例会有所帮助。你选择的流程自动化厂商或许能在这方面提供些什么。表 12-1 总结了常见的价值主张。

请注意，流程自动化技术是某些架构范式的动力，没有它就不可能实现。当组织出于战略原因想要使用这些范式时——例如，为了让组织规模化和让业务敏捷化而转向微服务架构——即使第一个项目中没有具体的业务案例，这也可能足以促使工具的引入。

表 12-1：工作流自动化的价值主张

价值主张	类型	可测量性	示例
减少状态处理相关的开发工作	定量	难以测量	据估计，实现和维护定制的状态管理在软件的生命周期内大约需要 10 个人年，相当于 100 万美元左右。现在使用一个成熟的工作流引擎，许可证、培训和升级成本加起来大约为 10 万美元。额外地，那些优秀的开发者可以专注于重要的事情
手动任务自动化	定量	易于测量	一个新的入网工作流即将上线，它会自动进行首次验证。每个工作日会节约 4 小时的销售工作。此外，对入网工作流的追踪是自动化的，用户可以在网站上自行查看当前状态。总体来说，相当于节省了一个人力。总计节省了大约 10 万美元，同时提高了每个人的工作质量
构建合理的系统	定性	难以测量	流程可见性能让各种角色在早期阶段理解流程设计。因此，在实现一个提供手机合约的新流程时，另一个团队的开发者能够发现流程模型中的一个核心缺陷：某个服务不能以"那种方式"使用，因为他们在之前的项目中遇到过。问题经过讨论后，模型马上被更新了，大约消耗一个人日。而这个问题本来可能会一直隐藏，直到部署时才被发现，到那时要花很多时间来讨论所需的变更、计划、实现、重新测试一切，等等
避免流程实例停滞	定性	难以测量	每当流程中出现故障时，订单不会简单地停在那里，等待用户来要他们的商品。相反，运维部门会收到任何事件的通知，甚至可以在用户注意到延迟之前轻松地调查并解决问题
了解当前状态	定性	难以测量	设置有线网络可能是一个相当耗时的流程。了解准确的当前状态对提高用户及客服人员的满意度非常重要。如果没有则令人沮丧，当用户打电话给公司时，客服人员无法很好地回答订单的状态
使用预构建功能来节省精力	定量	易于测量	工作流工具带有现成的组件，如用于运维和人工任务管理的 GUI。后者事实上可能非常有用，因其包括任务生命周期的支持、大量 API 和预建的用户界面。你可以节约全职开发者的团队成本，每年达 50 万美元甚至更多
流程扩缩容	定性	难以测量	你最新的广告被传得沸沸扬扬，人们正在冲击你的服务。如果没有流程自动化，你就无法保持稳定，因为你会直接被大量手动的工作压垮。工作流引擎可以确保你在更大规模的事件发生时能掌控局势

12.2.4 不要建立自己的平台

谈了这么多业务案例后，让我们简要讨论一下与提供即时业务价值完全相反的情况：在厂商的工具之上建立一个公司级别的流程自动化平台。一些公司甚至将整个 SOA 或集成工具栈与来自不同厂商的组件组装在一起。

我常常看到这种情况发生。构建这样一个平台的原因通常有两个：公司不想依赖某个厂商；为了能让所有项目都能使用，需要将工具与公司的某些具体细节集成。

但出于多种原因，建立这样的平台一项有风险的工作。建立流程自动化平台相当困难，而且这样做会分散你交付业务价值的精力。它让你很难囊括从后续项目中收集到的经验，因为你在旅程的最初就确定了某些架构的基本要素。另外，保持这个平台的更新或问题修复、保持底层产品的所有功能可用，或者包含新版本中引入的新功能，这些都是复杂而费时的。最后，用户无法在网上搜索定制平台的问题，但知名的开源产品可以搜索到，可以寻求到帮助。

目前为止就我所见，每一个这样的举措都在挣扎中。在你有几个项目上线之前，不应该考虑创建定制的平台，因为只有这样，你才能真正理解其中的共性，理解什么才可能在所有项目中都有价值、都能适用。

当然，你仍然可以在最初的项目中做一些工作，让运维人员或企业架构师满意。例如，你可以与认证和授权基础设施集成，或者确保工作流工具将其日志输出到你的集中式日志系统中。这类代码可能对即将到来的项目很有价值，你可以复用它。

12.2.5 复用的注意事项

复用很有意义，可以节省精力和成本。如果你的所有流程解决方案都需要与你的消息传递基础设施或大型机进行通信，你肯定不想在每个项目中重新造轮子。

但与其建立定制的平台，另一种模式往往更成功。把可复用的组件或库看作内部的开源项目。把它们交给整个公司，提供一些资源和帮助。如果某个库是有帮助的，大多数人都会很乐意使用它。但没有人必须这样做。这些库可以在最开始的项目中开发和演进。如果后续的项目需要一些额外的功能，它们不会被限制在拓展库上，因为它们可以随时提交 pull request，或 fork 该项目。

这种规模的复用能很好地帮到开发者。同时，它又不会阻止任何效率的提升。

 要专注于提供有用的指导，而不是设置约束。

许多流程自动化计划还采纳了提取流程片段并在不同业务流程中复用的想法。我对此持怀疑态度。如果范围仅限于一个项目团队，那问题不大，但请注意这些片段不应该在团队之间共享。如第 7 章所述，在后一种情况下，你最好将这种逻辑提取到服务中，提供定义好的功能和 API，让其能在不同上下文中使用。

12.3 从项目到工程：扩大使用规模

在前五六个项目（包括试点项目和灯塔项目）成功后，才适合开始考虑使用更结构化的方式在组织内大规模使用。确保不要过早扩大规模，因为你不只会错失重要的学习机会，还会面临在并行的项目中犯同样错误的风险，甚至还有可能在这些项目之间产生冲突。

本节讨论了规模化相关的挑战和一些行之有效的实践。

12.3.1 观念管理：什么是流程自动化

客户会将工作流引擎用于各种各样的场景。在我公司的客户群体中有一个常见的主题，就是要构建的解决方案本质上是个 Java 应用程序，只不过包含了一个可执行流程。即使应用程序中的流程部分占比很小，但在他们公司内部，这类应用却被看作"Camunda 项目"。

这虽不是什么大问题，却有一定风险。如果客户构建了一个庞大的自研应用程序，它可能需要消耗很多时间才能投入生产。这种项目的成本往往非常高，甚至可能因实现时有太多问题而被取消。这些因素和工作流引擎无关，但由于这个项目是"Camunda 项目"，所以最终反而损害了流程自动化的声誉。

因此，请谨慎确认与"流程自动化"主题相关的内容。

12.3.2 建立专家中心

如果有一个团队做了试点项目，也许还做了灯塔项目，那么他们不仅能够熟悉技术和架构，还会学到很多有价值的经验。要确保这些学到的东西可以用于后续项目。

一种选择是，这些人仍作为一个团队继续构建流程解决方案。这无疑是很有效的方式，但却没有规模化。第二种选择是把团队拆散，把成员派到不同的项目上工作。这种方式我曾见过，效果非常好，但这在团队管理上需要具有一定的灵活性。第三种可能性是前面成功案例中所描述的：把项目团队变成一个专家中心（COE），如图 12-4 所示。

可以设置成专门针对特定工具的 COE，但更常见的是设置成通用的流程自动化 COE，负责评估流程自动化技术并帮助决定什么工具适合当前的工作。通常，这些 COE 也负责机器人流程自动化（RPA）或基于技能的人工任务路由的技术。

COE 创建并维护内部的最佳实践，一般是以厂商的文档和最佳实践为基础。同时还应该记录适合公司的决策、约束或补充条款。例如，你可能希望项目始终使用一个特定的工具分发。你还可以描述工具是如何对接集中式的活动目录的。你也可以连接几个内部项目，提供与消息系统、SOAP Web 服务或 FTP 的集成。

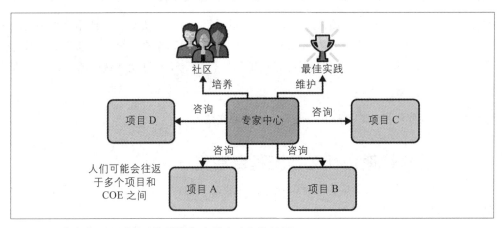

图 12-4：专家中心可以帮助你规模化流程自动化的使用

一家大银行告诉我，两年里该银行在 COE 内部开发了一个"自助网站"。这个网站包含入门指南、Java 项目模板，以及一些持续维护的可复用组件库。这样的设施可以让大多数项目自行开展，其中还包括一个外包给海外大型 IT 集成商的项目。COE 团队负责开发了前 6 个工作流解决方案，但另外 7 个项目是通过自助服务完成的，这证明了该银行的方法的有效性。

COE 还可以通过与之交谈来培养社区。他们可以提供一个论坛或 Slack 频道，或者定期举行线下或网络会议。什么方式更合适很大程度上取决于公司的文化。

投资于内部营销也值得一试，因为让其他项目了解 COE 很重要。如果可能的话，你甚至可以公开讨论你的案例。

12.3.3 管理架构决策

我不喜欢僵化的标准。项目团队需要有选择工具的自由。大多数情况下，最好能由团队来决定是否需要工作流引擎。COE 和灯塔项目可能已经产生了足够的内部营销，人们也应该知道了使用引擎的好处，所以能够做出自己的决定。

当然，任由每个团队选择自己喜欢的东西是有风险的，因为这些决定可能会被趋势、炒作、个人喜好所左右，或者仅仅是人们要尝试某个"早就想试试"的技术。最重要的是，每个人都要明白，某些技术做出的是几年甚至几十年的承诺。因此，这些决定和由此产生的维护将影响的不仅仅是当前的团队。

行之有效的做法是将选择的自由与在生产中运维和支持软件解决方案的职责结合起来，这就是所谓的"谁构建，谁运维"（you build it, you run it）。这一重要的基本原理会使团队意识到他们将为自己的决定负责，从而做出更明智的决定，并更有可能选择 Dan McKinley 所说的"无聊的技术"。

另一种常见的方法是成立一个架构委员会，定义一些"护栏"。理想情况下，这个委员会不规定任何标准，而是维护一个工具和框架的准入清单。每当某个团队想使用清单上没有的技术时，他们必须与该委员会进行讨论。团队需要提出框架以及他们需要这个工具的原因。围绕工具的选择可能会产生大量的争论。团队可能会了解到更合适的替代方案，或者了解到他们没想过的维护问题。当然，他们也可能说服委员会并获得许可。委员会不应该阻碍项目进展，因此，要么他们必须非常迅速地做出决定，要么允许团队未经许可继续前进，但要让团队明白如果他们做了一些离谱的事情，可能会被要求重新考虑方案。

我看到过更严格的控制，尤其是有关容易被滥用的过渡技术。例如，一位大客户要求每个想使用 RPA 的团队要先提出其使用案例，目的是让这些团队充分认识到他们正在增加技术债务。他们需要提供一个偿还债务的计划（例如，以后迁移到正式的 API 上）。

12.3.4 分散式工作流工具

本书更推荐的方案是让每个团队运行自己的工作流引擎，尤其是在使用微服务的情况下。其主要优势是通过团队间的隔离来支持规模化。这还意味着你要接受工作流平台混杂安装的可能性。

这带来一些问题。如何了解实际运行的内容？如何确保安装好的平台包含所有的重要补丁？所有的引擎都运行良好吗？如何从各种各样的引擎中收集指标，以便检查是否在许可证限制范围内？一般，这些问题由专家中心、工作流负责人或负责流程自动化的企业架构师提出。

怎样回答这些问题取决于当前的工具，但通常并不复杂，就像从公司内部的不同引擎中自动获取关系型数据一样，使用工具提供 API 即可。甚至可以更进一步，一键更新引擎。

当然，如果你使用公有云的托管服务，这些会更容易，因为它们已经内置了这些功能的控制台。私有云的安装或许也能实现这样的操作。

12.3.5 角色和技能培训

为了规模化，你需要在公司内部积极推进相应的技能学习，有一些能在工作中学到，有一些则需要课程培训。根据经验来说，工具对开发者越友好，需要安排的专业技能培训就越少。

让我们简单聊聊项目中不同角色的典型学习路线。对于开发者，我做了类型细分。

明星开发者

> 这些人是早期的引进者，有时候甚至能创造奇迹。他们积极进取，充满热情。你只需要给他们工作流引擎和入门指南，然后离开。他们大概会自己从网上搜索。这些人可能最适合早期项目，也许还可以成为 COE 的人选。他们面临的挑战是，总想用最新、最好的技术，有时往往会过度设计。他们并不总是善于指导别人。要注意，这样的人很容易分心。

专业开发者

> 这些开发人员是训练有素的软件工程师。他们在自己选择的环境中使用非常个性化的工具进行开发工作。为了能在工作流引擎上有所建树，他们需要学习流程建模语言（如 BPMN）的基础知识，并在工作流引擎核心概念和 API 上打下坚实的基础。建议让工具的提供商进行一次培训，或许还要再加上一段时间的咨询服务，以便他们遇到任何问题时可以获得答复。这些人通常是很好的讲师，可以成为 COE 的一部分。

在流程自动化领域，你还会听说低代码开发者（见 1.9.1 节）这个角色。低代码开发者不是经过训练的软件工程师，但他们大多拥有业务背景。他们可能是从 Microsoft Office 工具、宏或 RPA 开始进入开发工作的。他们的工作时间主要用于在这些环境中开发解决方案。对于一些公司来说，扩展流程自动化工作的关键是使这些开发者能够建模可执行工作流。低代码开发者需要工作在一个灵活性较低的开发环境中，同时针对这个环境要有一个高度定制化的培训课程。

你可能还听说过泛开发者（citizen developer）。这些人不是软件工程师，而是一些对 IT 技术比较感兴趣的终端用户。他们想用一些可以掌握的技术来解决强烈的痛点。这类解决方案不是本书的范畴。

业务分析师基本上只需学习流程建模语言。虽然他们可能会使用不同的技术来发掘和讨论工作流模型（比如创意技术），但他们要能创建一个流程模型作为开发工作的输入，并理解开发者构建的模型。

运维（或基础设施）人员需要了解部署及运行这些工具的资源需求，以及如何对故障进行诊断。大多数厂商都为这个目标群体提供了专门培训。

企业架构师需要了解流程自动化在全局和整体架构中的作用。如果可能，架构师还应该接受一些关于所选工具的培训，以了解详情。

一些客户还曾提到，他们有专门的流程方法专家，这些人非常擅长检查具体的流程设计是不是最合理的。他们会尝试深入理解所有的设计决策，从而简化流程模型。这些人通常会成为 COE。

当然，角色和职责可能不尽相同，每个履行角色的人都会以自己的方式诠释它。

要记得，只有你开始将知识应用于实际的项目中，那些优秀的课程才会奏效。尽可能让培训离项目开始更近一些。

此外，你应该持续组织一些额外的辅导。这种辅导可以由厂商、合作伙伴或 COE 提供。远程的咨询支持往往效果很好。

12.4 结论

正如本章所示，成功的采用过程通常是循序渐进的，先从试点开始，然后才是真正体现价值的灯塔项目。所得的经验教训用于指导下一个项目。在前五六个项目成功上线后再考虑规模化。

经验表明，以专家中心或可复用库的形式提供帮助往往比强加一些死板的规则更有效，自下而上的工具引入过程也是如此。同时，你还应该考虑关键角色的学习路径，让流程自动化的过程拥有通向成功的基石。

第 13 章

临别赠言

本章将讨论以下内容：

- 总结架构趋势对流程自动化的影响，以及本书所涵盖的内容。

- 关注现代架构对用户体验、客户旅程和业务流程的影响。

- 给出一些后续的建议。

13.1 当下架构趋势对流程自动化的影响

目前有一个大趋势，就是使用以分布式方式运行的更细粒度的组件。这是把握现代系统日益增长的规模和复杂性的关键。

它有一些有趣的含义：

- 业务逻辑是分布式的，许多组件需要进行交互来实现端到端的业务流程，满足用户的需求。这一点在第 7 章介绍过。

- 系统变得更加响应式和事件驱动，因此需要平衡编制与编排，如第 8 章所述。

- 远程通信引入了新的挑战，尤其是在一致性方面，如第 9 章所述。

- 为了能够开发、运维大量的组件，公司需要改进持续交付相关的实践。正如第 6 章所述，工作流引擎需要有足够的灵活性支持这一点。可执行流程的测试是解决这一问题的重要环节，如 3.3 节中所述。

- 各种组件正在迅速向云上迁移，主要原因是云计算简化了运维与部署。而向微服务架构的转变通常与这一过程同时发生。这意味着工作流自动化技术也需要能在云环境中运行，这一点在第 6 章中有提到。

- 在为单个组件选择技术栈时，开发者比以往任何时候都更自由。这使得架构中的语言更加丰富，正如在 3.2 节中提到的，好的工作流引擎应当能支持用不同语言编写胶水代码。

- 总体上自动化会越来越多。工作流引擎需要支持的规模正在接近实时应用，如 6.2.7 节中所提到的。

未来几年，对工作流引擎的需求肯定会增加，工具需要变得轻量且灵活。工作流技术能否满足非功能性需求，以及如何满足这些需求，将会是不同的厂商和产品之间的差异。我预见工作流引擎将会大规模应用于现代架构中。

13.2 重新思考业务流程和用户体验

当架构经历了上述变化后，我注意到业务部门不理解由此产生的机遇。相反，为了避免改变用户熟悉的体验，长期运行的能力往往被塞到同步 facade 之中。

让我们举个例子。假设你想订一张火车票。通常这是一种同步的用户体验。先选路线，再选座位，然后选票种和票价，最后提供个人的详细资料和支付信息。输入所有数据并点击结账按钮后，你可以在等待预订成功的时候看一会 GIF 动画。

实际上在现代架构中实现这种同步的用户体验是很困难的，正如第 9 章中所述。

但这不是我想说的重点。问题在于强烈希望拥有这种同步的用户体验。往往在讨论这个问题的时候，业务部门坚定地认为这种通信必须是同步的。在火车票的例子中，有两个典型的理由：

- "如果在预订过程中出现了问题，我们需要告诉用户。只有同步返回才能实现。"
- "我们需要创建一份 PDF 格式的车票供用户打印。在预订成功后，马上就得显示出来。"

这两点我完全不同意。

关于第一点，当预订过程中出现问题时，你可以在某个中间环节暂停这个流程并通知用户。他们可能仍然在网站上等待，但网站不必卡在一个转个不停的圈上。或许可以让用户看一个漂亮的状态展示页面，而不是只在后台默默地操作。或许还可以用唯一的长链接，让用户知道他们可以离开，稍后回来仍然能看到后续的进展。每当有什么问题需要他们注意的时候，就发一封邮件或在应用程序中发一个通知。

这里有一个有趣的观察。无论如何你都要考虑这些问题，即便提供的是同步操作也一样。例如你为用户保留了一个座位，但紧接着服务就崩溃了，你最好能提供一种方式让用户重新预订保留的座位，或者至少你要为预订加上超时。

当需求处于异步架构和同步用户体验之间时，甚至用户也能看到那些奇怪的现象。在你预订航班时，你的浏览器崩溃过吗？我崩溃过。第一次会话虽然一直没结束，但你认为我还能获得之前选的座位吗？显然不能。

为什么不正面解决这些最终的一致性问题，让客户有机会在一定时限内完成预订？

至于第二个关于打印车票的争论，很抱歉，现在是 2023 年。谁还会打印车票？智能手机、应用程序和无处不在的计算机已经改变了用户体验。

然而使用同步用户体验，整个预订都会失败。你认为用户更喜欢哪个？

额外的好处是，你不必一直在同步和异步之间转换，这让系统更容易实现。你要做的唯一一件事就是让你的业务人员从头开始重新思考客户体验。是的，这是一项艰巨的任务，但越来越多的行业成功案例可以帮到你。令人惊讶的是，我可以通过询问亚马逊会怎么做来取得进展。用 Eliyahu Goldratt 的话来说：

> 你部署一项令人惊叹的技术，但由于没有改变工作方式，所以实际上并没有减少什么限制。

13.3 何去何从

我写本书的目的是让你掌握流程自动化相关的重要知识，帮助你开始旅程。使用新的概念和新的技术，你不可能不犯错，但我希望你能通过本书减少错误和降低负面影响。

我可以给你的最好建议是开始实践。现在就开始使用流程自动化技术建立一个流程解决方案——最好有一个实际的用例，但一个有趣的或喜爱的项目也很好。本书网站上的例子和链接可以帮助你开始。

我祝愿你的努力一切顺利，并希望有一天能通过邮件（*feedback@ProcessAutomationBook.com*）或在 Camunda 论坛、O'Reilly 学习平台甚至世界某个地方的大会看到你的分享。

关于作者

Bernd Ruecker 是一名软件开发者，在流程自动化领域持续创新 20 余年。他为之付出的那些解决方案已部署在各种各样的组织中，从普通公司到规模巨大且需求多变的行业巨头，例如 T-Mobile、Lufthansa、ING 和 Atlassian 等。他持续为各种开源工作流引擎贡献代码已经超过 15 年，并且是 Camunda 公司的联合创始人和首席技术专家。Camunda 是一家开源软件公司，旨在重塑流程自动化，让任意流程无所阻碍地进行自动化。他与联合创始人一起撰写了 *Real-Life BPMN* 一书（CreateSpace 独立出版平台），这是一本关于流程建模和自动化的畅销书，现已出版第 6 版，有英文、德语及西班牙语译本。

Bernd 热爱编写代码，特别是用来验证概念的代码。他经常在国际会议上发表演讲，并为各种期刊撰稿。他专注于研究针对现代架构的新一代流程自动化范式，范围包括分布式系统、微服务、领域驱动设计、事件驱动架构以及响应式系统。

关于封面

本书封面上的动物是大瓮篮子鱼（Siganus doliatus）。这些鱼栖息在西太平洋的珊瑚礁中，从菲律宾南部到澳大利亚西北部。

大瓮篮子鱼呈天蓝色，腹部为白色，眼睛和鳃裂处有两条深色带。它们有明亮的黄色条纹和深黄色斑纹，分布在嘴上、背鳍及尾部。它们长可达 25cm，寿命可达 12 岁。它们的另一个名字是"刺足"，得名自后鳍上的毒刺。它们的背鳍上也有保护刺。它们用短而锋利的牙齿来捕食藻类。

幼鱼成群结队地游动寻找食物和抵御掠食者。它们展现出典型的群游行为，许多幼鱼以相同的方式在一起游动，速度和方向都很协调，仿佛它们是一个整体。成熟的鱼会结对进行繁殖。

封面插图由 Karen Montgomery 基于 Cuvier 的一幅黑白版画创作。

推荐阅读

软件架构：架构模式、特征及实践指南

[美] Mark Richards 等 译者：杨洋 等 书号：978-7-111-68219-6 定价：129.00 元

畅销书《卓有成效的程序员》作者的全新力作，从现代角度，全面系统地阐释软件架构的模式、工具及权衡分析等。

本书全面概述了软件架构的方方面面，涉及架构特征、架构模式、组件识别、图表化和展示架构、演进架构，以及许多其他主题。本书分为三部分。第 1 部分介绍关于组件化、模块化、耦合和度量软件复杂度的基本概念和术语。第 2 部分详细介绍各种架构风格：分层架构风格、管道架构风格、微内核架构风格、基于服务的架构风格、事件驱动的架构风格、基于空间的架构风格、编制驱动的面向服务的架构、微服务架构。第 3 部分介绍成为一个成功的软件架构师所必需的关键技巧和软技能。